AF503334

LA PLURALITÉ

DES

MONDES HABITÉS,

ÉTUDE

OU L'ON EXPOSE LES CONDITIONS D'HABITABILITÉ DES TERRES CÉLESTES, DISCUTÉES AU POINT DE VUE DE L'ASTRONOMIE ET DE LA PHYSIOLOGIE;

PAR

CAMILLE FLAMMARION,

ANCIEN CALCULATEUR A L'OBSERVATOIRE IMPÉRIAL DE PARIS, PROFESSEUR D'ASTRONOMIE,
MEMBRE DE PLUSIEURS SOCIÉTÉS SAVANTES, ETC.

Necesse est confiteare
Esse alios aliis terrarum in partibus orbes,
Et varias hominum gentes et sæcla ferarum.

PARIS,

MALLET-BACHELIER, IMPRIMEUR-LIBRAIRE,

DU BUREAU DES LONGITUDES, DE L'OBSERVATOIRE IMPÉRIAL DE PARIS,
QUAI DES AUGUSTINS, 55.

1862

LA PLURALITÉ DES MONDES.

Le mouvement philosophique qui s'opère depuis quelques années dans le monde des penseurs, n'est resté inaperçu pour personne; les têtes humaines, courbées vers le sol par le philosophisme négateur du dernier siècle, se sont relevées, pleines des aspirations latentes qui s'étaient cachées sous une fausse honte, et le culte de l'Idée compte de nouveaux et fervents adorateurs. Les agitations politiques, les éventualités financières et l'indifférence de la plupart des hommes pour les questions qui sont en dehors de la vie matérielle, n'ont pas, quoi qu'on en dise, assoupi l'esprit humain au point de l'empêcher de songer encore de temps en temps à sa raison d'être et à sa destinée; aussi ces dernières années ont-elles vu les soldats de la pensée se réveiller successivement à l'appel de quelques paroles tombées de bouches éloquentes, et se rallier en groupes divers sous l'étendard de l'Idée moderne.

C'est que l'Idée moderne n'est point une idéalité perdue dans un monde métaphysique inaccessible aux investigations humaines, mais bien une étoile rayonnante attirant à son foyer central toutes les pensées anxieuses du vrai et altérées de science.

C'est que l'humanité n'a pas encore atteint l'ère lumineuse à laquelle elle aspire, qu'il faut des siècles de préparation lente et de pénibles labeurs pour arriver à la connaissance du vrai, qu'il n'est pas de jour sans aurore, et que si l'époque actuelle resplendit sur celles qui l'ont précédée par les grandes découvertes qui la caractérisent, c'est qu'effectivement elle nous annonce le jour.

On a vu dans cette rénovation de l'esprit, non plus seulement une oscillation fatale du mouvement intellectuel, non plus seulement la réaction du scepticisme, mais bien l'avénement de l'homme dans la voie réelle du progrès; car la philosophie n'est plus reléguée dans un cercle de sectes ou de systèmes, elle marche à côté de la science, et concurremment avec elle, adoptant les mêmes méthodes d'expérimentation, à la suite desquelles la vérité se fait jour.

Or combien de fois, depuis dix ans seulement, les philosophes ont-ils émis cette opinion, que les idées reçues sur l'homme et sur ses destinées étaient empreintes d'une partialité terrestre par trop exclusive? combien de pages ont été écrites sous l'impression d'une universalité d'humanités dont nous ne nous rendons pas compte, et qui néanmoins nous entoure de toutes parts dans la vaste étendue? Les psychologues se demandant si notre âme ne pourrait un jour aller habiter d'autres mondes, et si alors la vie éternelle, se dépouillant du terrible aspect sous lequel on nous la représente, pouvait et conséquemment devait être reçue dès maintenant parmi leurs sujets d'étude; les naturalistes cherchant à débrouiller l'énigme de la création et le mystère des causes finales, en s'élevant à ces mondes lointains, qui semblent d'autres terres données comme la nôtre en apanage à des nations humaines; les curieux — et qui ne l'est pas? — s'ingéniant à imaginer quelles races possibles d'êtres peuvent avoir planté leurs tentes là-haut; chacun pourtant doutant toujours de la réalité de l'existence sur ces mondes et retombant bientôt dans l'abîme ténébreux des simples conjectures.

La certitude philosophique de la pluralité des mondes n'existe point encore, parce qu'elle n'a point été établie sur l'examen des faits astronomiques qui la démontrent; et l'on a vu des écrivains en renom hausser impunément les épaules en entendant parler des terres du ciel, sans que l'on ait pu leur répondre par des faits et les clouer au pied de leurs ineptes raisonnements.

Quoique cette question paraisse aux uns d'une haute portée philosophique, mais entourée de mystères impénétrables, quoiqu'elle ne soit pour d'autres qu'une fantaisie de curiosité attenante à la recherche générale du grand Inconnu, nous la regardons comme faisant partie de la philosophie, et ce titre la place assez haut et assez bas à nos yeux, pour que nous la considérions sérieusement, mais simplement, comme un des mille rouages qui font marcher la machine du progrès intellectuel. Sachant que tous les rouages sont utiles au mouvement et doivent être mis en bon état de fonctionnement, nous avons spécialement appliqué notre attention à celui-ci, et nous avons essayé de le connaître et de le montrer tel qu'il est.

Nous avons pensé qu'ici comme ailleurs il serait bon d'employer la méthode baconienne, fondée sur l'observation, et nous nous sommes mis à l'œuvre. Tout le monde travaille au grand édifice; le plan de l'architecte une fois reconnu, c'est à la multiplicité plutôt qu'à la vigueur des ouvriers que l'on en doit l'avancement et la construction. C'est ce qui fait que nous nous sommes permis, nous parfaitement inconnu dans ce monde des penseurs, d'apporter aussi la modeste pierre qu'il nous a été donné de ramasser sur notre chemin, non point que nous nous croyions le moins du monde nécessaire parmi les travailleurs, mais seulement parce qu'ayant cultivé l'astronomie, théoriquement et pratiquement, tant à l'Observatoire qu'au Bureau des Longitudes, nous avons pu donner une base nouvelle à la doctrine de la pluralité des mondes, si longtemps reléguée dans le domaine des choses métaphysiques et conjecturales.

Ajoutons maintenant, pour justifier tout de suite à vos yeux, lecteur, la raison d'être de notre publication, qu'indépendamment de l'actualité qui s'y rattache par les travaux récents de la pensée humaine, ce chapitre de la philosophie naturelle est le côté vivant, si l'on peut ainsi s'exprimer, de la science astronomique, laquelle, malgré ses magnifiques découvertes, serait d'une utilité moindre pour l'avancement de l'esprit humain si l'on ne savait l'envisager sous son point de vue philosophique, et que sous ce rapport elle doit concourir comme les autres branches de la Science *à nous apprendre ce que nous sommes.* Le spectacle de l'univers extérieur est, en effet, le seul avec lequel nous puissions nous mettre en rapport pour connaître le véritable rang que nous occupons dans la nature, et sans cette sorte d'étude comparative, nous vivons à la surface d'un monde inconnu, sans même savoir où nous sommes ni qui nous sommes, relativement au grand tout des choses créées.

Nous diviserons ce *Discours* en trois parties. La première apprendra que les hommes éminents de tous les temps, de tous les pays et de toutes les croyances ont été partisans de la pluralité des mondes; nous espérons que cette considération fera pencher la balance en faveur de notre thèse. La seconde partie sera consacrée à l'étude astronomique du système planétaire, par laquelle il demeurera établi que la Terre n'a reçu aucune prééminence marquée sur les autres mondes, habitables comme elle. Notre troisième et dernière étude, que nous terminerons par un coup d'œil général sur l'univers, montrera qu'au point de vue biologique, la Terre est loin d'être particulièrement favorisée pour être le seul ou le meilleur séjour de vie, et que, pour prendre un exemple autour de nous, la fourmi dans nos campagnes aurait infiniment plus de fondement et de raison de croire sa fourmilière le seul endroit habité du globe, que nous de regarder les cieux comme un immense désert dont notre monde serait la seule oasis, dont l'homme terrestre serait l'unique et éternel contemplateur.

ÉTUDE HISTORIQUE.

« Tout cet univers visible, disait Lucrèce il y a deux mille ans, n'est pas unique dans la nature, et il faut confesser qu'il y a dans d'autres régions de l'espace d'autres terres, d'autres êtres, et d'autres hommes. » En ouvrant par ces judicieuses paroles de l'ancien poëte de la nature, des considérations qui ne doivent avoir pour base que les données positives de la science moderne, nous avons moins l'intention de nous appuyer sur le témoignage de l'antiquité pour établir notre doctrine, que de résumer en une même épigraphe l'assentiment de tous les philosophes à cet égard. Toutefois, avant de démontrer par l'enseignement de l'astronomie l'habitabilité réelle et manifeste des mondes planétaires, nous pensons qu'il ne sera pas inutile de tracer en quelques pages l'histoire de la pluralité des mondes, et de montrer par là que les héros du savoir et de la philosophie se sont rangés avec enthousiasme sous le drapeau que nous allons défendre. — Un illustre écrivain a dit, précisément sur le sujet qui nous occupe, que ce n'est pas une grande recommandation pour une théorie quelconque, que d'avoir son origine dans l'antiquité, parce que l'opinion contraire pourrait prétendre au même avantage. Nous ne partageons pas cet avis; car s'il est vrai, comme on le verra, que notre doctrine ait été enseignée par la presque totalité des plus grands philosophes anciens, il est peu probable que ces mêmes philosophes, ne sachant ce qu'ils disaient, aient avancé le pour et le contre des idées que leurs historiens ont transmises à la postérité. Nous avons donc tout lieu d'espérer qu'en reconnaissant que, loin de ne compter que de rares champions clair-semés dans les âges, cette cause eut pour défenseurs des génies éminents dans l'histoire des sciences, on saura qu'une telle doctrine n'est point due à l'esprit de système ni à des opinions éphémères de sectes et de partis, mais qu'elle est innée dans l'âme humaine, et que, dans tous les âges et chez tous les peuples, l'étude de la nature l'a développée dans l'esprit des hommes. On pourra alors, sans craindre de perdre son temps à une occupation puérile, indigne des travaux de la pensée, s'adonner un instant avec nous à cette étude, qui nous montrera l'homme relativement à la nature entière, et qui nous fera connaître le véritable rang qu'il occupe dans l'ordre des choses créées. C'est là le but de nos considérations sur la pluralité des mondes.

Pour connaître l'origine de cette admirable doctrine, et pour savoir à quel mortel nous sommes redevables de cette merveilleuse conception de l'intelligence humaine, il nous suffira de nous reporter par la pensée à ces nuits splendides où l'âme, seule avec la nature, médite, pensive et silencieuse, sous le dôme immense du ciel étoilé. Là, mille astres perdus dans les régions lointaines de l'étendue versent sur la Terre une douce clarté qui nous montre le véritable lieu que nous occupons dans l'univers; là, l'idée mystérieuse de l'infini qui nous entoure, nous isole de toute agitation terrestre et nous emporte à notre insu dans ces vastes contrées inaccessibles à la faiblesse de nos sens. Absorbés dans une vague rêverie, nous contemplons ces perles scintillantes qui tremblent dans le mélancolique azur, nous suivons ces étoiles passagères qui sillonnent de temps en temps les plaines éthérées, et, nous éloignant avec elles dans l'immensité, nous errons de monde en monde dans l'infini des cieux. Mais l'admiration qu'excitait en nous la scène la plus émouvante du spectacle de la nature se transforme bientôt en un sentiment indescriptible de tristesse, parce que nous sommes étrangers à ces mondes où règne une solitude apparente et qui ne peuvent faire naître l'impression immédiate par laquelle la vie nous rattache à la Terre. Nous sentons en nous le besoin de peupler ces globes en apparence oubliés par la Vie, et sur ces plages éternellement désertes et silencieuses nous cherchons des regards qui répondent aux nôtres. Tel un hardi navigateur explora longtemps en rêve les déserts de l'Océan, cherchant la terre qui lui était révélée, perçant de ses regards d'aigle les plus vastes distances et franchissant audacieusement les limites du monde connu, pour s'égarer enfin dans les plaines immenses où le Nouveau-Monde était assis depuis des périodes séculaires. Son rêve se réalisa. Que le nôtre se dégage du mystère qui l'enveloppe encore, et, sur le vaisseau de la pensée, nous monterons aux cieux y chercher d'autres terres.

Cette croyance intime qui nous montre dans l'univers un vaste empire où la vie se développe sous les formes les plus variées, où des milliers de nations vivent simultanément dans l'étendue des cieux, paraît être contemporaine à l'établissement des hommes sur la Terre. Elle est due au premier mortel qui, s'adonnant avec la bonne foi d'une âme simple et studieuse à la douce contemplation des cieux, mérita de comprendre cet éloquent spectacle. Tous les peuples, et nommément les Indiens, les Chinois et les Arabes, ont conservé jusqu'à nos jours des traditions théogoniques où l'on reconnaît, parmi les dogmes anciens, celui de la pluralité des habitations humaines dans les mondes qui rayonnent au-dessus de nos têtes, et en remontant aux premières pages des annales historiques de l'humanité on retrouve cette même idée, soit religieuse pour la transmigration des âmes et leur état futur, soit astronomique simplement pour l'habitabilité des astres. Pour nous en tenir à ce dernier point de vue, que nous avons seul à considérer ici, et à l'antiquité historique et classique, qui est la seule que nous puissions étudier avec quelques fondements de certitude, nous remarquerons d'abord que l'Égypte, berceau de la philosophie asiatique, avait enseigné à ses sages cette ancienne doctrine. Peut-être les Égyptiens ne l'étendaient-ils alors qu'aux sept planètes principales et à la Lune qu'ils appelaient une terre éthérée; quoi qu'il en soit, il est notoire qu'ils professaient hautement cette croyance (1).

La plupart des sectes grecques l'enseignèrent, soit ouvertement à tous leurs disciples indistinctement, soit en secret aux initiés de la philosophie. Si les poésies attribuées à Orphée sont bien de lui, on le peut compter pour le premier qui ait enseigné la pluralité des mondes. Elle est implicitement renfermée dans les vers orphiques, où il est dit que chaque étoile est un monde, et notamment dans ces paroles conservées par Proclus : « Dieu bâtit une terre immense que les immortels appellent Séléné, et que les hommes appellent Lune, dans laquelle s'élèvent un grand nombre d'habitations, de montagnes et de cités. »

Le premier des Grecs qui porta le nom de philosophe, Pythagore, enseignait en public l'immobilité de la Terre et le mouvement des astres autour d'elle comme centre unique de la création, tandis qu'il déclarait aux adeptes avancés de sa doctrine sa croyance au mouvement de la Terre comme planète et à la pluralité des mondes. Plus tard, Démocrite, Héraclite et Métrodore de Chio, les plus illustres de ses disciples, propagèrent du haut de la chaire l'opinion de leur maître, qui devint celle de tous les pythagoriciens et de la plupart des philosophes grecs (2). Philolaüs, Nicétas, Héraclides, furent des plus ardents défenseurs de cette croyance (3); ce dernier alla même jusqu'à prétendre que chaque étoile est un monde qui a, comme le nôtre, une terre, une atmosphère et une immense étendue de matière éthérée.

---

(1) Bailly, *Histoire de l'Astronomie ancienne*.
(2) Fabricius, *Bibliotheca græca*, t. I, cap. xx.
(3) Achilles Tatius, *Isagoge ad Arati Phænomena*, cap. x.

Les philosophes de la secte ionique, dont l'instituteur Thalès croyait les étoiles formées de la même substance que la Terre, perpétuèrent dans son sein les idées de la tradition égyptienne importées en Grèce. Anaximandre et Anaximènes, successeurs immédiats du chef de l'école, enseignèrent la pluralité des mondes, doctrine qui fut répandue plus tard dans toute la Grèce par Aristarque, Leucippe et autres. « Même dans ces temps anciens, dit Bailly, cette opinion fut adoptée par tous ceux des philosophes qui eurent assez de génie pour sentir combien elle est grande et digne de l'Auteur de la nature (1). » Anaxagore enseigna l'habitabilité de la Lune comme article de croyance philosophique, avançant qu'elle renfermait comme notre globe, des eaux, des montagnes et des vallées (2). Partisan fameux du mouvement de la Terre, il est à remarquer que son opinion suscita autour de lui des envieux et des fanatiques, et que, pour avoir avancé que le Soleil était plus grand que le Péloponèse, il fut persécuté et faillit être mis à mort; préludant ainsi à la condamnation de Galilée, comme si réellement la Vérité devait rester dans tous les temps fatalement voilée aux regards des enfants de la Terre.

Dans le même temps, Pétron d'Himère, en Sicile, dont Hippis de Rege, poëte et historien du temps de Xerxès, faisait mention, avait écrit un livre dans lequel il soutenait l'existence de 183 mondes habités. S'il faut en croire Plutarque, cette opinion avait, depuis des siècles, passé jusqu'à la mer des Indes; un homme miraculeux l'y enseignait. C'était un vénérable vieillard qui employait tout son temps à la contemplation de l'univers, et qui, comme il le disait lui-même, après avoir demeuré dans la compagnie des nymphes et des génies, se trouvait enfin un seul jour de l'année sur les bords de la mer Érythréenne, où les princes et les secrétaires des rois le venaient écouter et consulter (3). Cléombrote, un des interlocuteurs du traité de la Cessation des Oracles, de Plutarque, chercha longtemps et à grands frais ce philosophe barbare, et c'est de lui qu'il apprit qu'il y avait, non un seul monde, ni une infinité, mais 183 (4). Ce nombre, qui paraît vide de sens au premier abord, vient de ce que ce philosophe regardait l'univers comme un triangle dont les côtés auraient été formés par soixante mondes, et dont chaque angle aurait été marqué aussi par un monde. L'aire du triangle était le foyer commun de toutes choses et la demeure de la Vérité.

---

(1) Bailly, *Histoire de l'Astronomie ancienne*, p. 200.
(2) Plutarchus, *De placitis philosophorum*, lib. II, cap. xxv.
(3) Mémoire de Bonamy, Académie des Inscriptions et Belles-Lettres, t. IX.
(4) Plutarchus, *de Oraculorum defectu*.

Pour en revenir à l'antiquité historique, nous constaterons maintenant que tous les Épicuriens crurent à la pluralité des mondes. La plupart des disciples d'Épicure ne comprenaient pas seulement les corps planétaires sous le titre de mondes habitables, mais ils croyaient encore à l'habitabilité d'une multitude de corps célestes disséminés dans l'espace. Métrodore de Lampsaque, entre autres, trouvait qu'il serait aussi absurde de ne mettre qu'un seul monde dans l'espace infini, que de dire qu'il ne pourrait croître qu'un seul épi de blé dans une vaste campagne (1). Anaxarque disait la même chose à Alexandre le Grand, s'étonnant, lorsqu'il y avait tant de mondes, de ce qu'il n'en avait encore occupé qu'un seul de sa gloire. Un grand nombre des sectateurs de l'école épicurienne, parmi lesquels nous aurons tout à l'heure à citer Lucrèce, crurent, non-seulement à la pluralité, mais encore à l'infinité des mondes. Tels sont Archélaüs (2) et Diogène d'Apollonies (3), qui croyaient d'ailleurs qu'une intelligence divine présidait à la composition et à l'arrangement des corps célestes ; Xénophanes (4) et Zénon d'Élée (5), qui reconnaissaient l'intervention d'un esprit supérieur dans le gouvernement de la nature, mais dont l'opinion ne différait peut-être pas du spinosisme. Enfin, parmi les anciens philosophes grecs dont les noms sont venus jusqu'à nous, mentionnons encore pour notre cause Séleucus, Platon et beaucoup de platoniciens, qui, tels qu'Alcinoüs et Plotin, enseignèrent du haut de la chaire académique cette doctrine de tous les siècles, de tous les peuples et de toutes les religions. Remarquons aussi que si Aristote eût connu le véritable système du monde, il eût assurément moins défendu l'incorruptibilité des cieux, seule raison, comme il le dit lui-même (6), qui l'ait empêché d'admettre d'autres terres et d'autres cieux, et que, ne pouvant de cette sorte peupler les astres, il crut devoir les diviniser, pénétré qu'il était de cette idée, partagée par tous ceux qui étudient la nature, que la grandeur infinie de Dieu a d'autres miroirs que la Terre pour se refléter.

Le plus ardent et le plus zélé des disciples d'Épicure fut un des plus fervents enthousiastes de la pluralité des mondes, et, observation digne de remarque, son système ne lui montrant dans les étoiles visibles que de simples émanations du globe terrestre, il lui fallut créer par delà ces mondes un nouvel univers, invisible à nos regards, pour y placer d'autres

---

(1) Lalande, *Abrégé d'Astronomie*, p. 361.
(2) Stobei, *Eclog. philos.*
(3) (4) (5) *Diogenes Laertius, in vit. Diog. Apoll. Xenophanis et Zenonis Eleatii.*
(6) Aristoteles, *de Cœlo*, lib. II, cap. III.

terres, d'autres étoiles et d'autres habitants. « Si les principes générateurs, dit Lucrèce (1), ont donné naissance à des masses d'où sortirent le ciel, les ondes, la Terre et ses habitants, il faut convenir que dans le reste du vide les éléments de la matière ont enfanté sans nombre des êtres animés, des mers, des cieux, des terres, et parsemé l'espace de mondes semblables à celui qui se balance sous nos pas dans les flots aériens. Partout où la matière immense trouvera un espace pour la contenir et ne rencontrera nul obstacle à son essor, elle fera éclore la vie sous des formes variées; et si la masse des éléments est telle que, pour les dénombrer, les âges réunis de tous les êtres seraient insuffisants, et si la nature les a dotés des facultés qu'elle accorda aux principes générateurs de notre globe, les éléments dans les autres régions de l'espace ont semé des êtres, des mortels et des mondes. »

Ce passage du poëme de Lucrèce, qui établit d'une manière aussi péremptoire son opinion sur la pluralité des mondes, appelle en regard le passage analogue de l'*Anti-Lucrèce*, poëme dans lequel le cardinal de Polignac a pris à tâche de renverser de fond en comble l'édifice de son adversaire. Or, s'il est remarquable que le poëte matérialiste arbore aussi franchement notre étendard, il ne l'est pas moins que son spiritualiste et spirituel commentateur, qui lui est opposé dans tout le cours de l'ouvrage, partage ici complétement les idées de son antagoniste. « Toutes les étoiles, dit-il (2), sont autant de soleils semblables au nôtre, environnées comme lui de corps opaques auxquels elles communiquent la lumière et le jour. Les planètes qui les accompagnent se refusent à la faiblesse de nos yeux, et la distance de ces étoiles nous dérobe l'énormité de leur grandeur. Mais si l'on considère que les rayons de ces astres jouissent des mêmes propriétés que ceux du Soleil, et que le Soleil lui-même vu dans une distance égale nous apparaîtrait tel que nous voyons les étoiles, pourra-t-on se persuader que le Soleil et les étoiles agissent différemment, et que tant de merveilleux flambeaux brillent inutilement. La Divinité ne se borne pas à former un seul être de même espèce : elle verse à la fois de ses inépuisables trésors une moisson d'être pareils. Des causes semblables doivent produire de semblables effets. »

Les termes du cardinal ne sont pas plus équivoques que ceux dont se servait Laplace cinquante ans plus tard pour témoigner de son adhésion à notre doctrine. Nous aurons à citer

(1) *De Naturâ Rerum*, lib. II.
(2) *Anti-Lucretius*, lib. VIII.

cet illustre géomètre; mais, avant d'arriver à notre siècle, nous devons encore passer en revue des noms célèbres dans l'histoire des sciences. Ce n'est pas à l'époque de la splendeur romaine, où toute élévation intérieure de l'âme était renversée sous les débordements de la jouissance sensuelle, que nous demanderons la suite de cette longue série des adeptes de notre croyance; ce n'est pas non plus pendant les siècles non moins critiques, contemporains de la chute du grand empire et de la rénovation des peuples, que nous chercherons à glaner çà et là quelques aspirations en notre faveur. Tout au plus pourrions-nous constater que dans les premiers temps du christianisme quelques esprits indépendants proclamèrent hautement leur opinion à cet égard. Lactance, qui a commenté Xénophon, soutenait que la Lune était habitée et que les hommes lunaires demeuraient dans de vastes et profondes vallées. Les observations modernes montrent que cette idée, quelque avancée qu'elle paraisse pour l'époque de Lactance, n'est pas complétement dénuée de fondement, puisque l'atmosphère de la Lune, si elle existe, ne couvre que les vallées du satellite et ne peut permettre qu'en ces lieux l'existence telle que nous la comprenons. Saint Irénée croyait que les Valentiniens, sous les noms mystérieux de Bythod et d'Edner, enseignaient le système d'Anaximandre sur l'infinité des mondes. Malheureusement, pour l'avancement des sciences en général, et, disons-le, pour celui de notre doctrine en particulier, le système erroné d'Aristote sur l'incorruptibilité des cieux et l'interprétation non moins erronée des livres sacrés sur l'immobilité de la Terre couvraient déjà d'un voile épais les yeux de tout homme désireux de connaître, et s'opposèrent ensuite avec une funeste efficacité à la marche déjà si lente des conquêtes de l'esprit humain. La science rétrograda. D'erreurs en erreurs on arriva jusqu'à dire que celui qui croyait aux antipodes était en opposition formelle avec la révélation et entaché d'hérésie, et, quinze siècles plus tard, à condamner, Évangile en main, ce septuagenaire à jamais célèbre, de ce qu'il avait trouvé dans les cieux des preuves du mouvement de la Terre. Mais passons de tels faits sous silence, rappelons seulement que la plus riche bibliothèque du monde, où les seules archives des connaissances humaines étaient conservées, fut incendiée à cette époque, et que les plus puissantes aspirations de la pensée ne pouvaient alors percer leur casque d'airain; et sans renouer le fil interrompu de nos auteurs, citons ici les noms illustres de ceux qui depuis la renaissance des lettres et des sciences enseignèrent l'habitabilité des astres.

D'après Fabricius, nous devons compter au nombre des

défenseurs de notre doctrine Nicolas Cusa, le malheureux Jordano Brunus, Tycho-Brahé, Thomas Campanella, Guillaume Gilbert, René Descartes et les cartésiens, Galilée, Képler, etc. Nous trouvons dans un ouvrage de philosophie théologique contemporain au renversement des idées religieuses reçues sur le mouvement de la Terre un passage assez curieux, dont voici la traduction : « Au delà de ce monde, c'est-à-dire au delà du ciel empyrée, aucun corps n'existe ; mais dans cet espace infini (s'il est permis de parler ainsi) où nous sommes, Dieu existe dans son essence et a pu former des mondes infinis plus parfaits que le nôtre, comme les théologiens l'affirment (1). » Dans le XVIIe siècle, citons David Fabricius qui, par parenthèse, prétendait avoir vu de ses yeux des habitants de la Lune, Claude Bérigard, Hévélius, Otto de Guérike, Pierre Gassendi, Antonio Reita, Dominique Gonzalès et Maëslines; Pascal dans les *Pensées*, le burlesque et spirituel Bergerac, le P. Kircher, auteur de l'*Iter extaticum celeste*, Huyghens, auteur du *Cosmotheoros;* et plusieurs Anglais, tels que sir Robert Burton, Godwinus, l'évêque Wilkinsius, auteur du livre *De la Lune habitable*, Nicolas Hill, Jacques Howell, Patterus, et le jésuite Derham, auteur de l'*Astro-Théologie*. Nous compterons enfin dans le XVIIIe, les philosophes, les naturalistes et les mathématiciens les plus célèbres : Isaac Newton, Thomas Burnet, Whiston, Bayle, Locke, Fontenelle, Kant, Georges Cheyne, dans ses *Principes de philosophie naturelle;* Eimmart, dans son *Iconographie des nouvelles observations du Soleil;* Néhémie Grew, dans sa *Cosmologie;* Voltaire, dans le roman si connu de *Micromégas;* Marmontel, dans *les Incas;* les principaux auteurs de l'Encyclopédie, Condillac, Buffon, Nicholson, Bernardin de Saint-Pierre, Swedenborg et les spiritualistes de son école, Lavater et ses physiognomonistes; enfin un certain nombre de poëtes qui, tels que l'Anglais Young, Saint-Lambert et Fontanes, chantèrent la grandeur de l'univers et la magnificence des mondes habités.

Sans mentionner notre siècle, qui parlerait encore avec plus d'éloquence que les précédents en faveur de notre cause, nous espérons que cette série glorieuse de noms à jamais célèbres dans l'histoire de la science et de la philosophie, depuis l'antiquité historique la plus reculée jusqu'à nos jours, ne sera pas entre nos mains un vain et inutile palladium, et nous nous permettrons de penser que si tous ces hommes illustres n'ont pas cru déroger à leur génie en proclamant la pluralité des mondes, nous pourrons, nous qui

(1) *Christophori Clavii Bambergensis in Sphæram Joannis de Sacro Bosco Commentarius*, p. 72.

n'avons pas à redouter cette accusation, proclamer nous-même cette belle doctrine et essayer de la développer et d'en montrer toute la grandeur. « Du vray, disait Montaigne avec beaucoup de justesse, pourquoi Dieu, tout puissant comme il est, aurait-il restreinct ses forces à certaines mesures? En faveur de qui aurait-il renoncé son privilége? Ta raison n'a en aulcune aultre chose plus de vérisimilitude et de fondement qu'en ce qu'elle te persuade la pluralité des mondes :

Terramque et solem, lunam, mare, cætera quæ sunt,
Non esse unica, sed numero magis innumerali.

» Les plus fameux esprits du tems passé l'ont creue, et aulcuns des nostres mesmes, forcez par l'apparence de la raison humaine; d'autant qu'en ce bastiment que nous voyons il n'y a rien seul et un, et que toutes les espèces sont multipliées en quelque nombre, par où il semble n'estre pas vraysemblable que Dieu ayt faict ce seul ouvrage sans compaignon et que la matière de cette forme ayt esté toute espuisée en ce seul individu (1). »

« Je suis d'opinion, disait aussi le célèbre philosophe Kant, qu'il n'est pas même besoin de soutenir que toutes les planètes sont habitées, car le nier serait une absurdité aux yeux de tous ou au moins aux yeux du plus grand nombre. Dans l'empire de la nature, les mondes et les systèmes ne sont que de la poussière de soleils vis-à-vis de la création entière. Une planète est beaucoup moins par rapport à l'univers qu'une île par rapport au globe terrestre. Au milieu de tant de sphères, il n'y a de parages déserts et inhabités que ceux qui sont impropres à porter les êtres raisonnables qui sont dans le but de la nature. Notre Terre elle-même a peut-être existé mille ou un plus grand nombre d'années avant que sa constitution lui ait permis de se garnir de plantes, d'animaux et d'hommes (2). »

« Est-il possible de croire, ajoutait plus tard L.-C. Despréaux, que l'Être infiniment sage n'aurait orné la voûte céleste de tant de corps d'une si prodigieuse grandeur que pour la satisfaction de nos yeux, que pour nous procurer une scène magnifique? Aurait-il créé ces soleils innombrables uniquement afin que les habitants de notre petit globe pussent contempler au firmament ces points lumineux, dont même la plus grande partie est si peu remarquée ou nous est tout à fait insensible? On ne saurait se faire une telle idée si l'on

(1) *Essais*, liv. II, chap. XII.
(2) *Allgemeine Naturgeschichte und Theorie des Himmels*, part. III.

considère qu'il y a partout dans la nature une admirable harmonie entre les œuvres de Dieu et les fins qu'il se propose, et que dans tout ce qu'il fait il a pour but non-seulement sa gloire, mais encore l'utilité et le plaisir de ses créatures. Aurait-il donc créé des astres qui peuvent darder leurs rayons jusque sur la Terre sans avoir aussi produit des mondes qui puissent jouir de leur bénigne influence? Non : ces millions de soleils ont chacun, comme notre Soleil, leurs planètes particulières, et nous entrevoyons autour de nous une multitude inconcevable de mondes servant de demeures à différents ordres de créatures, et peuplés comme notre Terre, d'habitants qui peuvent admirer et célébrer la magnificence des œuvres de Dieu (1). »

Notre étude historique dégénérerait en un récit d'une fastidieuse longueur si nous continuions à citer ainsi les pièces nombreuses que nous avons sous les yeux à l'appui de notre thèse, et nous devons déjà savoir gré au lecteur de ce qu'il a bien voulu nous suivre jusqu'ici dans ce travail. Sauf à revenir, lorsque l'occasion s'en présentera, à certains auteurs que nous avons passés sous silence, nous terminerons ici cette étude par quelques paroles émises à ce sujet par deux des plus illustres astronomes que la Terre ait portés, astronomes que l'on n'accusera certainement pas de partialité pour les idées mystiques. « L'action bienfaisante du Soleil, dit Laplace (2), fait éclore les animaux et les plantes qui couvrent la Terre, et l'analogie nous porte à croire qu'elle produit de semblables effets sur les autres planètes ; car il n'est pas naturel de penser que la matière dont nous voyons la fécondité se développer de tant de façons, soit stérile sur une aussi grosse planète que Jupiter qui, comme le globe terrestre, a ses jours, ses nuits et ses années, et sur lequel les observations indiquent des changements qui supposent des forces très-actives..... L'homme, fait pour la température dont il jouit sur la Terre, ne pourrait pas, selon toute apparence, vivre sur les autres planètes. Mais ne doit-il pas y avoir une infinité d'organisations relatives aux diverses températures des globes et des univers? Si la seule différence des éléments et des climats met tant de variétés dans les productions terrestres, combien plus doivent différer celles des planètes et des satellites ! »

« Dans quel but, s'écrie sir John Herschell (3), dans quel

---

(1) Louis-Cousin Despréaux, *Leçons de la Nature*, liv. VIII. Considérations 321e-325e.

(2) *Exposition du système du Monde*, chap. VI.

(3) *Traité d'Astronomie*, chap. XII, § 592.

but devons-nous supposer que des corps aussi magnifiques aient été dispersés dans l'immensité de l'espace? Ce n'a pas été sans doute pour éclairer nos nuits, objet que pourrait mieux remplir une lune de plus qui n'aurait que la millième partie du volume de la nôtre, ni pour briller comme un spectacle vide de sens et de réalité, et nous égarer dans de vaines conjectures. Ils sont, il est vrai, utiles à l'homme comme des points permanents auxquels il peut tout rapporter avec exactitude; mais il faudrait avoir retiré bien peu de fruits de l'étude de l'astronomie, pour pouvoir supposer que l'homme soit le seul objet des soins de son Créateur et pour ne pas voir, dans le vaste et étonnant appareil qui nous entoure, des séjours destinés à d'autres races d'êtres vivants. »

Cet aperçu historique nous a préparés à un examen judicieux de notre doctrine et nous a donné cet enseignement sur lequel il est utile de nous arrêter : que les hommes éminents de tous les âges qui furent initiés aux opérations de la nature, furent aussi profondément saisis de sa fécondité prodigieuse, et comprirent la démence de ceux qui la circonscrivent à notre unique séjour. Si l'autorité du témoignage et l'accord des opinions sont la base de la certitude historique, la doctrine que nous défendons est appuyée sur un argument inviolable dont on s'est longtemps contenté en physique, en astronomie et en philosophie. Mais nous n'ignorons pas que lorsqu'il s'agit de doctrines spéculatives, le grand nombre ni même la gravité des témoignages ne sont pas une garantie suffisante de leur vérité, et qu'il faut savoir user largement de l'examen de la raison et ne se rendre qu'à l'évidence. C'est pourquoi nous nous contenterons de la conclusion suivante pour tous les faits établis précédemment : *L'étude de la nature engendre et affermit dans l'esprit de l'homme l'idée de la pluralité des mondes.*

Nous pourrons maintenant aborder directement la question « la plus curieuse et la plus intéressante de toute la philosophie (1); » nous pourrons l'explorer sous toutes ses faces, afin de n'en être plus réduits à ces probabilités qui n'ont rien de solide, mais d'en acquérir, au contraire, une conviction profonde; nous pourrons exposer les causes qui la mettent en évidence et n'appuyer nos démonstrations que sur les seules données positives de la science; nous pourrons, enfin, fouler aux pieds cette antique et prétentieuse vanité de l'esprit humain, qui

(1) Fontenelle, *Entretiens sur la Pluralité des Mondes.*

faisait vainement étinceler sur nos fronts la couronne de la création, préférant approfondir notre néant pour mieux faire éclater la majesté de l'univers, que de nous poser orgueilleusement, nous misérables pygmées, debout à côté de ce géant incomparable que l'on nomme le *Pouvoir créateur.*

Nous allons donc, dans la partie astronomique qui va suivre, considérer successivement l'ensemble du système solaire et des astres qui le composent, les analogies et les dissemblances qui réunissent ou distinguent ces mondes entre eux, les conditions d'existence qui les caractérisent et le degré d'habitabilité de notre globe. Nous envisagerons ensuite, sous le rapport de l'étendue, les orbites planétaires et leur position dans l'espace : l'excessive exiguïté de la Terre nous montrera qu'elle n'ajoute qu'une fleur bien pâle et bien pauvre au riche parterre de la création, et que l'univers ne perdrait pas plus de sa disparition qu'elle ne perdrait elle-même de la disparition d'un grain de poussière. De ce double point de vue surgiront diverses conclusions qui élèveront à la certitude philosophique la probabilité de la Pluralité des Mondes.

ÉTUDE ASTRONOMIQUE.

I.

L'astre éclatant du jour, source intarissable de la lumière et de la chaleur qu'il répand à grands flots dans l'immensité de l'espace, rénovateur incessant de la jeunesse et de la beauté des planètes qui forment sa cour, foyer inextinguible de la vie et de la fécondité qui se développent dans son empire, réside glorieux au centre de notre système planétaire et préside aux révolutions célestes des mondes qui le composent. Ce globe immense est 1 400 000 fois plus gros que la Terre et pèse 700 fois plus que toutes les planètes, les astéroïdes, les comètes et les satellites réunis; il est animé d'un mouvement de rotation qu'il accomplit en vingt-cinq de nos jours autour de son axe, ou plutôt autour du centre de gravité de tout le système. Dans les couches épaisses de sa vaste atmosphère flottent ordinairement des nuages opaques, dont l'étendue surpasse quelquefois celle de la Terre. On pense généralement que le globe solaire est obscur et entouré de plusieurs enveloppes atmosphériques superposées, dont l'une, nommée *photosphère*, serait la source de la lumière et de la chaleur qu'il verse à torrents dans l'étendue. Malgré cette énorme quantité de chaleur qu'il répand tout autour de lui dans l'espace, soit que ce foyer se consume, comme l'analogie semblerait l'indiquer, soit qu'il répare à chaque instant les pertes de sa perpétuelle irradiation, la distance qui le sépare de nous est telle, que nous ne pourrions depuis ici apprécier aucune diminution de son disque. S'il diminuait, par exemple, journellement, au point que son diamètre se raccourcît d'un mètre en vingt-quatre heures, il faudrait une observation de près de dix mille années à l'habitant de la Terre pour qu'il aperçût une diminution sensible de son disque apparent. Pourtant ce grand éloignement ne nous empêche pas d'en recevoir une masse notable de chaleur : « Si la quantité que le globe terrestre reçoit dans une seule année était uniformément répartie sur tous ses points, et qu'elle y fût uniquement employée à fondre de la glace, elle serait capable de fondre une couche de glace qui enveloppérait la Terre entière et qui aurait une épaisseur de 30^{m},89 ou près de 31 mètres (1). » La loi de la gravitation dirige autour de ce foyer central le système planétaire tout entier, dont chaque membre est sous la dépendance de l'astre de la lumière. C'est cette même loi qui fait rouler la Lune autour de notre globe et les satellites autour des planètes, qui assure, sous le nom de *pesanteur*, les constructions éphémères du petit oiseau dans les bois, et, pour aller du plus petit au plus grand, qui, dans les profondeurs incommensurables de l'étendue, préside aux révolutions lointaines des systèmes stellaires. C'est ainsi que dans le sein de la nature tous les phénomènes s'enchaînent sous la puissance de lois universelles, que la même force qui déchaîne sur l'onde écumante l'ouragan et la tempête, sillonne de comètes flamboyantes les plaines éthérées; que la même fécondité qui peuple une goutte d'eau de milliers d'infusoires doit produire et développer dans l'immensité des cieux des milliers de nations et de créatures.

Autour du Soleil circule très-probablement un anneau de petites planètes préposées à sa garde comme un cortége de satellites. La nouveauté de cette découverte ne nous permet de rien assurer au sujet des masses et des dimensions de ces petits corps, dont l'importance, du reste, au point de vue de nos considérations, est tout à fait secondaire. C'est au delà de cette région centrale que se meuvent les planètes sur des orbites concentriques et à peu près circulaires.

Le premier de ces mondes qui vivent sous la domination bienfaisante de l'astre du jour est Mercure; sa distance au Soleil est de 14783400 lieues, son année dure 88 de nos jours, sa rotation diurne s'effectue en 24^{h} 5^{m}. Cette planète est beaucoup plus petite que la Terre (2), mais sa densité est près de trois fois plus considérable. Les observations modernes ont appris qu'elle est entourée d'une atmosphère très-dense et couverte de chaînes de montagnes beaucoup plus élevées que les nôtres. La lumière et la chaleur qu'elle reçoit du Soleil y sont sept fois plus intenses qu'à la surface terrestre.

La brillante Vénus, étoile avant-courrière de l'aurore et du soir, planète la plus radieuse et probablement la plus anciennement connue de tout le système, enveloppe l'orbite de

---

(1) Pouillet, *Physique expérimentale*, t. II, p. 604.

(2) *Voir* le Tableau des éléments numériques du système solaire, placé en tête de cet Essai. Observons ici que quel que soit le degré d'approximation des nombres rapportés ci-dessus, la thèse que nous soutenons possède une valeur absolue indépendante: quelques-uns de ces éléments seraient-ils reconnus erronés un jour, que notre théorie resterait la même.

Mercure dans le cercle qu'elle décrit en 224 jours 16 heures autour de l'astre radieux. Elle est éloignée du Soleil de 27618600 lieues et en reçoit deux fois plus de lumière et de chaleur que la Terre. Ses journées sont de 23h 21m. Son étendue, sa masse, sa densité et la pesanteur des corps à sa surface diffèrent peu des éléments analogues dans la planète qui va suivre. Sa surface est hérissée de sveltes montagnes dont quelques-unes excèdent 40000 mètres d'élévation, et environnée d'une enveloppe atmosphérique également très-élevée.

A la distance de 38200000 lieues du Soleil on rencontre la Terre, planète à peu près analogue à la précédente, entourée comme elle d'un fluide atmosphérique et accomplissant son mouvement de rotation en 23h 56m, et sa révolution en 365 jours 6 heures. — Cet astre est accompagné d'un satellite qui achève en 27 jours 7 heures son double mouvement de translation et de rotation; il en est éloigné de 96000 lieues; sa surface, déchirée par de violents cataclysmes, est couverte de vastes cratères et de pics sans nombre, derniers vestiges des révolutions qui l'ont tourmentée.

Environ 20000000 de lieues plus loin circule la planète Mars, qui présente aussi de frappants caractères de ressemblance avec les précédentes. Elle est éloignée de l'astre central de 58178600 lieues, achève son année en 687 jours et sa rotation diurne en 24h 39m. Les enveloppes atmosphériques qui entourent cette planète et la précédente, les neiges qui apparaissent périodiquement à leurs pôles et les nuages qui s'étendent de temps en temps à leurs surfaces, la configuration géographique analogue de leurs continents et de leurs plaines nommées maritimes, les variations de saisons et de climats communes à ces deux mondes, nous fondent à croire que ces planètes sont toutes deux habitées par des êtres dont l'organisation doit offrir plus d'un caractère d'analogie, ou que si l'une d'elles était vouée au néant et à la solitude, l'autre, qui se trouve dans les mêmes conditions, devrait avoir le même partage.

A la distance d'environ 100 millions de lieues du Soleil, il existe dans les espaces interplanétaires une zone, large de 20 millions de lieues, qui paraît avoir été jadis le théâtre de quelque grande catastrophe. En effet, dans cette région où les astronomes espéraient rencontrer la planète que les lois universelles de la nature plaçaient entre Mars et Jupiter, on a déjà retrouvé 75 fragments planétaires accomplissant, indépendamment les uns des autres, leurs mouvements de translation autour du centre commun de tout le système. Peut-être, en admettant la plus vraisemblable des théories cosmogoniques, ces astéroïdes sont-ils dus à un morcellement aux temps primitifs de l'anneau cosmique qui devait former la planète; peut-être aussi sont-ils les fragments d'un monde qui existait autrefois dans cette partie du système, et qu'une révolution géologique intérieure aura brisé, en disséminant ses débris dans l'espace et en laissant échapper ses gaz intérieurs qui auront formé des comètes planétaires.

Au delà de la zone où se meuvent les planètes télescopiques, gravite le globe colossal de Jupiter, sur une orbite éloignée du Soleil de presque 200 millions de lieues. Malgré la vitesse de sa rotation diurne qui s'effectue en moins de 10 heures et qui ne lui donne par conséquent que 5 heures de jour réel, son année est douze fois plus longue que la nôtre, et ses habitants ne comptent que huit ans quand nous comptons un siècle. Ce monde, qui surpasse de 1414 fois notre globe chétif, est environné d'une enveloppe gazeuse dans laquelle flottent constamment d'épais nuages qui nous dérobent la configuration géographique de sa surface. Il reçoit 27 fois moins de chaleur et de lumière que nous; sa densité est un peu plus forte que celle du chêne, de sorte qu'à volume égal il serait plus de 4 fois moins lourd que la Terre. Quatre satellites (1) lui donnent une lumière permanente qui, jointe à celle de ses longs crépuscules, procure à cette planète des nuits comparativement très-courtes et toujours illuminées.

Le système de Saturne, à la distance de 364 350 000 lieues du centre commun des orbes planétaires, emporte, dans une révolution de 30 ans, son globe majestueux qui surpasse le nôtre de 734 fois, ses anneaux immenses dont le diamètre ne mesure pas moins de 71 000 lieues, et tout un monde de satellites qui embrasse dans l'espace une étendue circulaire de plus de 2 600 milliards de lieues carrées (2). Le mouvement de rotation d'une aussi énorme

---

(1) SATELLITES DE JUPITER :

	lieues.		j. h m. s.
Dist. du 1er sat. à la plan.	108,268	Durée de sa révolution....	1.18.27.33
» 2e »	172,183	» »	3.13.13.42
» 3e »	274,742	» »	7. 3.42.33
» 4e »	483,260	» »	16.16.32. 8

(2) ANNEAUX ET SATELLITES DE SATURNE :

	lieues.		lieues.
Diam. ext. de l'anneau ext.	71,000	Interv. des deux anneaux.	720
Diam. int. de l'anneau ext.	62,500	Epaisseur................	50
Diam. ext. de l'anneau int.	61,000	Largeur.................	11,900
			j. h. m. s.
Diam. int. de l'anneau int.	47,000	Durée de la rotat. des annx.	10.29.17
Dist. des annx à la planète.	8,300		
Dist. du 1er sat. à la plan.	47,988	Durée de sa révolution....	22.37.22
» 2e »	61,600	» »	1. 8.53. 6

planète s'accomplit avec une prodigieuse rapidité, car la durée de son jour n'excède guère $10^h\ 18^m$. Cette vitesse a produit à ses pôles un aplatissement considérable (un dixième), de même que pour la planète Jupiter (un dix-septième), observation qui nous donne encore une nouvelle preuve de l'universalité des lois de la nature. Les bandes alternativement brillantes et sombres qui apparaissent sur ces deux astres et qui sont un indice certain des variations atmosphériques, le changement de teinte des régions polaires et équatoriales, la magnificence du spectacle de la création dans Saturne où les jeux de la nature parmi ses mystérieux anneaux doivent être pour ses habitants d'une splendeur sans égale, et dans Jupiter où sont réunies les conditions les plus favorables à l'existence, nous disent assez combien le domaine de la vie est loin d'être limité au petit monde qui nous a donné le jour.

A la distance de 732 752 400 lieues, circule la planète Uranus, sur une orbite elliptique qu'elle parcourt en 84 ans 3 mois. Son diamètre mesure 13 700 lieues; sa densité est un peu inférieure à celle de la brique; la lumière et la chaleur qu'elle reçoit du Soleil sont 360 fois moindres qu'à la surface terrestre. Elle est environnée comme la précédente d'un cortége de huit satellites; leurs distances à la planète et leurs durées de révolutions respectives sont comprises entre 50 000 et 723 000 lieues, entre deux jours et demi et trois mois et demi (1).

Enfin la dernière planète connue de notre système, dont la découverte, qui date de nos jours, a jeté un si vif éclat sur la certitude des données scientifiques modernes, et principalement sur la puissance de l'analogie, la planète qui a reculé de près de 400 millions de lieues les confins du système planétaire et qui ne ferme que provisoirement encore cet empire

---

	lieues.		j. h. m. s.
Dist. du 3e sat. à la plan..	75,646	Durée de sa révolution....	1.21.18.25
» 4e »	97,800	» »	2.17.41. 8
» 5e »	136,374	» »	4.12.25.10
» 6e »	315,866	» »	15.22.41.25
» 7e »	442,600	» »	21. 7.12. 8
» 8e »	922,000	» »	79. 7.53.40

(1) Satellites d'Uranus :

	lieues.		j. h. m. s.
Dist. du 1er sat. à la plan.	50,960	Durée de sa révolution...	2.12. 2. 2
» 2e »	71,000	» »	4. 3 27.22
» 3e »	89,870	» »	5.21.25. 3
» 4e »	116,500	» »	8.16.56.10
» 5e »	146,000	» »	10.23. 4. 7
» 6e »	155,840	» »	13.11. 8.25
» 7e »	311,700	» »	38. 1.48. 8
» 8e »	723,400	» »	107.16.40. 0

immense, décrit, à la distance de 1 milliard 147 millions de lieues du centre du système, une orbite dont l'étendue surpasse 7 milliards de lieues. Dans cet éloignement prodigieux, d'où le disque solaire ne paraît plus que 1300 fois moindre que de notre station terrestre, la même force de gravitation dirige sa révolution annuelle, sa rotation diurne et les phénomènes qui se produisent à sa surface. L'année de Neptune est égale à 164 des nôtres, les saisons y durent plus de 40 ans, sa densité est à peu près la même que celle du hêtre, son volume surpasse de 100 fois celui de la sphère terrestre. Cette planète est accompagnée d'une lune qui termine son double mouvement de translation et de rotation, simultanés pour chaque satellite, en 5 jours 21 heures, à la distance de 100 000 lieues de la planète.

Pour résumer la description précédente, observons que toutes les planètes du système se relient entre elles par de très-grandes analogies, et que s'il y a quelque distinction à établir pour faciliter la discussion de notre théorie, elles se partageront naturellement en deux groupes séparés par la région des astéroïdes. Mercure, Vénus, la Terre et Mars formeront le premier groupe, qui sera caractérisé par sa proximité de l'astre lumineux, par l'exiguïté de chacune des quatre planètes qui le composent, par la brièveté de leurs années et par la durée équivalente de leurs jours respectifs, enfin par une configuration géographique analogue et par le même rang dans le monde planétaire. Pour chacun de ces mondes même histoire, même figure, mêmes conditions d'existence et même rôle dans l'univers. Le deuxième groupe, également formé de quatre planètes, sera remarquable par les dimensions colossales des sphères qui le composent, car la plus petite de ces sphères est encore plus grosse que les quatre planètes précédentes réunies; il sera remarquable aussi par le nombre des satellites qui accompagnent ces astres dans leur cours, par la lenteur de leurs révolutions annuelles et la rapidité de leurs jours, et par la suprématie que leur ont acquise sur les autres mondes, leur importance dans les mouvements célestes et leur imposante majesté dans cette région magnifique de l'univers solaire.

Cette division établie et l'ensemble du système exposé, il nous faut maintenant examiner et discuter les causes astronomiques d'habitabilité ou d'inhabitabilité de chacun des mondes planétaires.

II.

En abordant l'étude comparative des planètes, le premier point qui réclame notre attention est la position occupée par la Terre dans notre système. Or, en considérant simplement le nombre des planètes et leurs distances respectives à l'astre radieux, les astéroïdes comptant pour une seule, nous remarquerons d'abord que la Terre est la troisième sur neuf et que par conséquent elle n'est caractérisée ni par sa proximité, ni par son éloignement, ni par une position médiane; nous dirons ensuite qu'elle est près de 3 fois plus éloignée que Mercure et 36 fois moins que Neptune, et qu'elle n'est pas non plus située sur le milieu du rayon adopté du système planétaire, car ce point tombe entre l'orbite de Saturne et celle d'Uranus; d'où nous conclurons que sous ce premier point de vue la Terre n'est pas distinguée des autres planètes.

En considérant la quantité de chaleur et de lumière que ces astres reçoivent du Soleil, sachant que l'intensité de chacune d'elles varie, toutes choses étant égales d'ailleurs, en raison inverse du carré des distances, et prenant la Terre pour point de comparaison, nous trouverons que Mercure reçoit 7 fois plus de lumière et de chaleur que notre globe, Vénus 2 fois plus, Mars moitié moins, les planètes télescopiques 7 fois moins, Jupiter 27 fois moins, Saturne 90 fois moins, Uranus 365 fois moins et Neptune 1300 fois moins. Ce simple coup d'œil suffit pour nous apprendre que la Terre n'a reçu aucune distinction sous ce nouveau point de vue. Nous avons dit : toutes choses étant égales d'ailleurs; car il est certain que pour résoudre ce problème il nous faudrait des données qui nous manqueront vraisemblablement toujours. Il nous faudrait, par exemple, connaître la densité et la composition chimique des atmosphères ambiantes, car on sait qu'elles laissent plus ou moins passer les rayons solaires pour échauffer leurs planètes et s'opposent ensuite avec plus ou moins d'efficacité à ce que cette chaleur s'en échappe par le rayonnement; cette propriété, convenablement proportionnée aux distances, suffirait pour donner une même température moyenne à des planètes diversement éloignées du Soleil. Il nous faudrait également connaître la nature des matériaux qui constituent le corps planétaire et qui n'ont pas tous la même capacité pour la chaleur, les accidents de terrain et les circonstances propres à faire varier notablement le calorique absorbé ou réfléchi, la couleur générale et les teintes locales des diverses surfaces, le degré de sécheresse ou d'humidité ordinaires du sol ou l'évaporisation fréquente des masses liquides, la hauteur des montagnes et principalement la chaleur intérieure de chaque planète; il nous faudrait aussi connaître mille causes influentes dont nous ne pouvons nous former même la moindre idée, jugeant de toute la création par les phénomènes terrestres que nous pouvons seuls observer. Qu'il nous suffise de comprendre que toutes les objections qui dérivent de l'éloignement ou de la proximité du Soleil et qui semblent interdire l'existence des êtres vivants dans certains mondes parce qu'ils y seraient brûlés, et dans d'autres parce qu'ils y seraient gelés, ne sont d'aucune valeur lorsqu'on les oppose à la puissance effective de la nature, et que, par conséquent, soit qu'elle produise dans ces régions des êtres organisés pour l'état normal de la planète, soit qu'elle atténue les circonstances extrêmes défavorables à l'existence des êtres qu'elle y veut placer, il n'en reste pas moins avéré que sous ce nouveau point de vue la position de la Terre ne la distingue point des autres mondes planétaires.

En considérant les satellites comme placés dans le ciel pour éclairer nos nuits, et comme déterminant le mouvement des météores par le flux et le reflux de l'Océan et de l'atmosphère (1), nous remarquerons que certaines planètes en possèdent jusqu'à huit et que la Terre est loin d'être favorisée à cet égard. Nous avons ici une observation importante à adresser aux partisans des causes finales, qui admirent avec raison ces luminaires dont la douce et bienfaisante clarté remplace pendant la nuit l'éclatante lumière des jours, mais qui ont le tort de prétendre que la Lune et les satellites ne seraient bons à rien s'ils ne rendaient quelques petits services à leurs planètes, et que c'est là leur seule raison d'être. Nous leur ferons simplement observer que leur argument peut être retourné avantageusement contre eux. En effet, les habitants de ces petits mondes ont certainement un droit plus évident de se croire priviligiés et de soutenir que la Terre et les planètes, qui réfléchissent beaucoup plus de lumière, ont été formées tout exprès pour éclairer leurs nuits si longues, et ce droit est d'autant mieux fondé que les planètes surpassent davantage

---

(1) On remarquera que nous ne parlons pas, ni ici ni ailleurs, d'*eaux* ni d'*air*, parce rien ne nous prouve que les liquides et les fluides planétaires soient d'une composition chimique analogue à celle des liquides et des fluides terrestres; nous sommes d'avis au contraire qu'ils en diffèrent essentiellement, parce qu'ils se sont trouvés au temps de leur formation dans des conditions tout autres que celles qui ont présidé à la formation des matières terrestres. C'est sur quoi des modernes qui ont écrit sur la pluralité des mondes se sont grossièrement trompés et ce qui les a conduits aux conclusions les plus erronées.

les satellites en étendue réfléchissante. C'est ainsi que la Terre envoie 13 fois plus de lumière à la Lune que celle-ci ne lui en donne, et que, malgré la pluralité des satellites de Jupiter, de Saturne et d'Uranus, la différence est encore plus marquée pour ces mondes. De quelque côté donc que l'on examine cette question, non-seulement la Terre est moins favorisée que les grosses planètes, mais elle l'est même moins que les satellites eux-mêmes. Pour dissiper complétement l'opposition de ceux qui invoquent de telle sorte la causalité finale, nous remarquerons avec Arago que, pour satisfaire à leurs vues, il eût fallu que les planètes eussent d'autant plus de satellites à leur service qu'elles sont plus éloignées du Soleil, ce qui n'est pas; avec Laplace que, pour une illumination permanente des nuits de la Terre, il eût fallu que la Lune, toujours en opposition et à une distance quadruple de celle où elle est, eût accompli en un an sa révolution dans une orbite embrassant celle de la Terre et dans le même plan, ce qui ne peut pas être; avec M. Comte, que le mieux pour ceci eût été d'avoir deux satellites disposés de façon que le lever de l'un eût coïncidé avec le coucher de l'autre, ce qui fût arrivé si ces deux satellites eussent circulé dans une même orbite en restant constamment éloignés l'un de l'autre de 180° de longitude, ce qui n'est pas davantage.

En considérant les rapports de grandeurs et de surfaces qui distinguent les planètes entre elles, nous ferons encore la même remarque que la Terre n'a point été particulièrement favorisée parmi les autres corps célestes, et qu'elle n'est ni la plus petite en superficie, ni la moyenne, ni la plus étendue. Tandis que son diamètre moyen ne mesure pas 3200 lieues (1), celui de Saturne en mesure 28 650 et celui de Jupiter près de 36 000. — Cette comparaison rappelle une des pages les plus ingénieuses du livre de Fontenelle, où la marquise se prend à lui demander si les habitants de Jupiter ont pu constater l'existence de notre petit globe. « De bonne foi, lui répond le philosophe, je crains que nous leur soyons inconnus : il faudrait qu'ils vissent la terre cent fois plus petite que nous ne voyons leur planète ; c'est trop peu, ils ne la voient point. Voici seulement ce que nous pouvons croire de meilleur pour nous. Il y aura dans Jupiter des astronomes qui,

(1) Le rayon terrestre moyen, celui qui tombe vers le milieu de la France, est de 6 366 407 mètres; le diamètre moyen du globe est donc de 12 732 814 mètres, et sa circonférence de 4000 myriamètres ou 10 000 lieues métriques. On peut remarquer ici, au sujet de la relation entre les superficies des planètes, qu'un voyage de circumnavigation qui se termine en trois ans sur la Terre, dans des circonstances identiques durerait plus de 28 ans pour Saturne, près de 35 pour Jupiter, et plus de 110 pour le Soleil.

après avoir bien pris de la peine à composer des lunettes excellentes, après avoir choisi les plus belles nuits pour observer, auront enfin découvert dans les cieux une très-petite planète qu'ils n'avaient jamais vue. D'abord le Journal des Savants de ce pays-là en parle; le peuple de Jupiter ou n'en entend point parler, ou n'en fait que rire; les philosophes dont cela détruit les opinions forment le dessein de n'en rien croire; il n'y a que les gens très-raisonnables qui en veulent bien douter. On observe encore, on revoit la petite planète, on s'assure bien que ce n'est point une vision, et enfin, grâce à toutes les peines que se donnent les savants, on sait dans Jupiter que notre Terre est au monde... Mais notre Terre ce n'est pas nous : on n'a pas le moindre soupçon qu'elle puisse être habitée, et si quelqu'un vient à se l'imaginer, Dieu sait comme tout Jupiter se moque de lui (1). »

Si, après avoir comparé Saturne et Jupiter à notre globe, nous lui comparions le Soleil, nous établirions que le diamètre de celui-ci est égal à 356 000 lieues, et sa surface à 385 trillions 133 milliards de lieues carrées; de telle sorte que si nous en jugeons par notre globe dont la superficie de 318 millions de lieues carrées nourrit près d'un milliard d'habitants, le Soleil dont l'étendue est 12 000 fois plus grande pourrait nourrir 12000 milliards d'hommes. « Or, s'il pouvait être prouvé, comme on l'a soutenu, que l'habitation du Soleil peut être en effet un immense séjour de délices et de longévité, quel cas pourrait-on faire de la prétention de ceux qui n'ont pas craint d'affirmer, sans plus de preuves assurément et même contre l'ensemble des témoignages multipliés de la science, que tout ce que nous voyons ait été constitué en vue de la Terre et du bonheur de ses habitants, eux dont la vie est si éphémère, si agitée, en proie à tant de souffrances, de déceptions et de misères? Certes, si les globes de notre monde ont été formés les uns pour les autres, n'est-il pas plus naturel de penser que les avantages en tous genres doivent demeurer au plus considérable d'entre eux, à celui qui, placé au centre du système, oblige les autres à circuler autour de lui, les gouverne, les maîtrise, les domine avec tant de puissance, enfin les illumine et les échauffe de ses rayons bienfaisants (2).» Combien les habitants du splendide Saturne et du magnifique Jupiter auraient-ils plus le droit de regarder les autres mondes comme lancés dans l'espace pour leur apprendre les lois de l'univers et leur en faire admirer l'harmonie, eux dont les années se comptent

(1) *Entretiens sur la pluralité des Mondes*, p. 132.
(2) Plisson, *les Mondes*, p. 242.

par siècles et qui voient toute la création disposée en leur faveur? Combien ces habitants, privilégiés dans l'ordre moral comme dans l'ordre physique, seraient-ils plus fondés à se regarder comme les monarques du monde, eux si élevés au-dessus des chétives créatures humaines qui balbutient à la surface de notre globe? — Ainsi donc, ici comme précédemment, la Terre n'a reçu aucune distinction de la Nature.

Les conclusions précédentes peuvent *à fortiori* s'étendre aux considérations que nous pourrions développer sur les volumes planétaires. A peine pouvons-nous nous former une idée du monde gigantesque de Saturne, lorsque nous savons que 700 globes de la grosseur de la Terre, réunis en un seul, ne donneraient pas encore un volume égal à celui de cette planète, sans avoir égard même à ses vastes anneaux ni à ses nombreux satellites. Comment alors pourrions-nous embrasser dans nos conceptions celui de Jupiter qui surpasse le nôtre de 1400 fois! Et celui du Soleil qui représente à lui seul 1 300 000 *globes terrestres?* « A l'aspect de ces masses imposantes, s'écriait Fontenelle, comment pourrait-on s'imaginer que tous ces grands corps eussent été faits pour n'être point habités, que ce soit là leur condition naturelle, et qu'il y aurait une exception justement en faveur de la Terre toute seule? Qui voudra le croire, le croie; pour moi, je ne m'y puis point résoudre. Il serait bien étrange que la Terre fût aussi habitée qu'elle l'est et que les autres planètes ne le fussent point du tout... La vie est partout, et quand la Lune ne serait qu'un amas de rochers, je les ferais plutôt ronger par ses habitants que de n'y en point mettre. »

Cette idée burlesque rappelle Cyrano de Bergerac qui, dans son livre, rien moins que scientifique, fait très-ingénieusement apercevoir l'absurdité des croyances qui lui sont opposées. Nous le citerions plus d'une fois si nous ne craignions d'abuser du temps que le lecteur aura bien voulu prêter à nos considérations; mais nous respecterons ce temps et nous nous contenterons du passage suivant, qui caractérise particulièrement son ouvrage (1). « Il serait aussi ridicule de croire, dit-il, que ce grand luminaire du Soleil tournât autour d'un point dont il n'a que faire, que de s'imaginer quand on voit une alouette rôtie, qu'on a pour la cuire tourné la cheminée autour. Autrement, si c'était au Soleil à faire cette corvée, il semblerait que la médecine eût besoin du malade; que le fort dût plier sous le faible; le grand servir au petit, et qu'au lieu qu'un vaisseau cingle les côtes d'une province, la province

---

(1) *Histoire des États et Empires de la Lune et du Soleil*, p. 36.

tournerait autour du vaisseau... La plupart des hommes se sont laissé persuader par leurs sens, et tournant avec la Terre sous le ciel, ils ont cru que c'était le ciel qui tournait autour d'eux. Ajoutez à cela l'orgueil insupportable des humains qui se persuadent que la nature n'a été faite que pour eux, comme s'il était vraisemblable que le Soleil n'eût été allumé que pour nourrir leurs nèfles et pommer leurs choux! Quant à moi, bien loin de consentir à leur insolence, je crois que les planètes qui roulent autour du Soleil sont autant de mondes habités, et que les étoiles fixes sont autant de soleils qui ont des planètes autour d'eux, c'est-à-dire des mondes que nous ne voyons pas d'ici à cause de leur petitesse, et parce que leur lumière empruntée ne saurait venir jusqu'à nous. Comment en bonne foi s'imaginer que ces globes si spacieux ne soient que de grandes campagnes désertes, et que le nôtre, parce que nous y campons, ait été bâti pour une douzaine de petits superbes? Quoi! parce que le Soleil compasse nos jours et nos années, est-ce à dire pour cela qu'il n'ait été construit qu'afin que nous ne donnions pas de la tête contre les murs? Non. Ce dieu visible éclaire l'homme à peu près comme le flambeau du roi éclaire le crocheteur qui passe par la rue. »

Revenons à notre sujet. Il nous reste encore à considérer les densités et les masses des corps planétaires : ces dernières considérations s'uniront aux précédentes pour nous confirmer dans notre opinion que la Terre n'a reçu aucun privilége particulier de la Nature, relativement aux autres planètes. Pour que l'on puisse se former une idée approximative assez juste de ces densités, nous les donnerons en les comparant à celles des substances connues. C'est ainsi que la densité du Soleil est un peu supérieure à celle de la houille et que celle de Mercure est un peu moindre que celle de l'or. La densité de Vénus et de la Terre est égale à celle de l'oxyde de fer magnétique; Mars égale le rubis oriental; Jupiter est un peu plus lourd que le bois de chêne; Saturne a la pesanteur du sapin; Uranus celle du lignite, et Neptune celle du hêtre. Si nous remarquons maintenant que, la densité de la Terre étant prise pour unité, la plus faible (celle de Saturne) sera 1100 fois moindre, et la plus forte (celle de Mercure) près de trois fois plus considérable, nous saurons que la densité du globe terrestre n'est ni la plus basse, ni la moyenne, ni la plus élevée.

L'étude de la question intéressante des effets de la pesanteur à la surface des différents globes de notre système nous montre que dans le Soleil ils sont vingt-neuf fois plus intenses, et sur Mars moitié plus faibles que sur la Terre. Par conséquent, un corps qui parcourt $4^{m},90$ dans la première seconde de chute à la surface terrestre, parcourt 143^{m},91 sur le Soleil, et seulement 2^{m},16 à la surface de Mars. On voit par là que la pesanteur n'est pas d'une intensité moyenne chez nous, et que si l'organisation des êtres terrestres est en harmonie avec cette intensité due à un état de la matière tout à fait fortuit, on doit en conclure que la nature n'a pas été fort embarrassée pour établir sur les autres globes des êtres dont la constitution soit également en harmonie avec cette même intensité dans les mondes qu'ils habitent. Concluons de ceci que les habitants de chaque planète diffèrent essentiellement les uns des autres, car les effets de la pesanteur influent d'une manière notable sur les lois de l'organisation. Sur nos continents, par exemple, il ne saurait exister d'animaux beaucoup plus gros que l'éléphant, parce que l'activité des forces musculaires ne s'accélérant pas en raison de l'augmentation du poids, les mouvements de masses aussi énormes ne s'effectueraient plus avec la même facilité; tandis qu'au sein des mers le poids spécifique du corps des animaux leur permet de nager avec beaucoup d'agilité dans le milieu pour lequel ils sont nés. Or, ce que l'observation démontre sur la Terre, l'analogie l'étend aux autres mondes planétaires. Un kilogramme de matières terrestres serait réduit à quelques grammes, transporté sur les petites planètes, tandis qu'il s'élèverait à plus de 30 kilogrammes sur le globe solaire; un homme terrien de 90 kilogrammes serait extrêmement léger sur les premières, tandis que sur le Soleil il pèserait plus de 2000 kilogrammes. « Il pourrait vraisemblablement tomber d'un quatrième étage, à la surface de Pallas, sans se faire plus de mal qu'en sautant ici du haut d'une chaise ; tandis que la moindre chute dans le Soleil, en supposant qu'il puisse s'y tenir debout un seul instant, briserait le corps en mille pièces comme s'il était pilé dans un mortier d'airain (1). »

Quelque futiles qu'elles paraissent, ces dernières considérations sont bien propres à nous éclairer sur les effets innombrables d'une même force naturelle, et à nous enseigner combien ceux qui nous apparaissent sur la Terre sont loin d'être les seuls qui s'accomplissent dans l'univers. En les terminant, nous dirons un mot de la grandeur de certaines masses planétaires, qui achèvera de nous convaincre que ni l'ensemble du système, ni chacune des planètes en particulier, n'ont pu être créés en faveur des habitants d'un petit monde qui n'a pas reçu la moindre distinction de la Nature. Nous rappellerons ainsi que, malgré la faiblesse de leurs densités respectives,

---

(1) Plisson, *les Mondes*, p. 275.

Saturne et Jupiter pèsent, le premier 100 fois et le second 340 fois plus que le globe terrestre; nous rappellerons que d'autres planètes surpassent également la nôtre en poids comme en volume, et que pourtant toutes ces énormes masses réunies ne formeraient encore que la *sept-centième* partie du poids du Soleil. Ainsi lorsqu'un géomètre, voulant nous donner par un calcul original une idée de la masse terrestre, nous apprend qu'il faudrait 10 milliards d'attelages de chacun 10 milliards de chevaux pour voiturer le globe de la Terre sur un sol semblable à celui de nos routes ordinaires, nous trouvons, en appliquant ce calcul au Soleil, qu'il faudrait, pour effectuer son transport, une force représentée par 3 550000 milliards des précédents attelages. Son poids intrinsèque est évalué à 2 nonillions de kilogrammes : il faudrait donc près de *trois cent cinquante mille Terres* dans le plateau d'une balance pour faire équilibre au *poids seul* de l'astre du jour!

Que le lecteur déduise lui-même des considérations précédentes la conclusion qui en découle, car nous ne voulons maintenant d'autres preuves de la vérité de notre doctrine que le témoignage de son propre jugement. Qu'il suive la marche philosophique de l'astronomie moderne, il reconnaîtra que lorsque le mouvement de la Terre et le volume du Soleil furent connus, les astronomes et les philosophes trouvèrent étrange qu'un astre aussi magnifique fût uniquement employé à éclairer et à échauffer un petit monde imperceptible rangé en compagnie d'un grand nombre d'autres sous sa domination suprême. L'absurdité d'une telle opinion fut plus éclatante encore lorsque l'on trouva dans Vénus une planète de mêmes dimensions que la Terre, avec des montagnes et des plaines, des saisons et des années, des jours et des nuits analogues aux nôtres; on étendit cette analogie à la conclusion suivante, que, semblables par leur conformation, ces deux mondes devaient l'être aussi par leur rôle dans l'univers : si Vénus était sans population, la Terre devait l'être également, et réciproquement si la Terre était peuplée, Vénus devait l'être aussi. Mais lorsque ensuite on observa les gigantesques mondes de Jupiter et de Saturne entourés de leurs splendides cortéges, on fut invinciblement conduit à refuser des êtres vivants aux petites planètes précédentes si l'on n'en dotait celles-ci, et par contre à leur donner des habitants biens supérieurs à ceux de Vénus et de la Terre. Et, en effet, n'est-il pas évident que l'absurdité de l'immobilité de la Terre s'est perpétuée mille fois plus extravagante dans la causalité finale qui met notre globe au premier rang des corps célestes? N'est-il pas évident que ce monde est jeté sans aucune distinction dans l'amas planétaire, et qu'il n'est pas mieux établi que les autres pour être le siége exclusif de la vie et de l'intelligence? Éloignez-vous un instant par la pensée, lecteur, en un lieu de l'espace d'où l'on puisse embrasser l'ensemble du système solaire, et supposez-vous ignorer la planète qui vous a donné le jour! Soyez bien convaincu que, pour vous livrer librement à l'étude présente, vous ne devez plus considérer la Terre comme votre patrie ni la préférer aux autres séjours, et contemplez maintenant sans prévention et d'un œil ultra-terrestre les mondes planétaires qui circulent autour du foyer de la vie! Si vous soupçonnez les phénomènes de l'existence, si vous imaginez que certaines planètes sont habitées, songerez-vous, de bonne foi, à peupler ce globe infime de la Terre avant d'avoir établi dans les mondes supérieurs les merveilles de la création vivante? Ou si vous voulez vous fixer sur un astre d'où l'on puisse embrasser la splendeur des cieux et sur lequel on puisse jouir des bienfaits d'une nature riche et féconde, choisirez-vous pour séjour cette Terre chétive qui est éclipsée par tant de sphères resplendissantes? Pour toute réponse, lecteur, et c'est la plus faible conclusion que nous puissions tirer des considérations précédentes, établissons que *la Terre n'a aucune prééminence marquée dans le système solaire de manière à être le seul monde habité,* et que, *astronomiquement parlant, les planètes sont disposées aussi bien qu'elle au séjour de la vie.*

ÉTUDE PHYSIOLOGIQUE.

I.

Mais, dira-t-on, les déterminations qui précèdent ne s'appuient que sur certaines données astronomiques, irrécusables il est vrai, mais qui ne suffisent pourtant pas pour établir une conviction solide de l'habitabilité des mondes. Vous avez jusqu'ici passé complétement sous silence le point de vue physiologique qui aurait dû entrer pour une bonne part dans la discussion de votre thèse. Si toutes les planètes sont en apparence aussi propres que la Terre au séjour de la vie, rien ne nous prouve qu'elles le soient en réalité et que les conditions capables d'entretenir l'existence aient été données aux planètes comme elles ont été données à la Terre. Bien au contraire, le poids considérable et la dureté des corps d'un côté, la légèreté et l'inadhérence des molécules de l'autre, une chaleur torrentielle et une lumière éblouissante dans certains mondes, un froid glacial et d'éternelles ténèbres dans d'autres, paraissent s'opposer invinciblement à la manifestation des phénomènes de l'existence.

Le point de vue physiologique est certainement très-important à considérer ici; mais les objections auxquelles il donne lieu et qui semblent sérieuses au premier abord, se réfutent d'elles-mêmes dès que nous cherchons à les approfondir. En effet, non-seulement il n'est pas nécessaire de nous tourmenter l'esprit pour en apercevoir la nullité, et pour comprendre la possibilité d'existences tout à fait incompatibles avec la vie terrestre; mais encore il nous suffit de jeter un coup d'œil sur notre demeure pour concevoir des planètes peuplées très-différemment, et même pour être certains qu'il n'est presque pas possible qu'elles soient habitées par des êtres sembables à ceux qui vivent sur la Terre.

Quelle infinie variété, par exemple, entre les joyeux habitants qui voltigent dans les plaines de l'air et ceux qui sillonnent les régions mobiles de l'Océan ou qui passent leur vie à la surface des continents? Quelle diversité dans leur genre de vie et dans leur langage? Qui compterait les degrés de cette échelle de vie qui a commencé avec les zoophytes des temps primitifs et dont l'homme occupe l'échelon supérieur? Et dans l'humanité seule même, quelle différence d'organisation, de caractères, de mœurs, d'habitudes, de puissance physique et morale, entre l'Européen dont la volonté transforme les empires et l'Esquimau inhabile à exprimer sa propre pensée? Sans parler même du règne végétal, ce seul spectacle que nous offrent les tableaux si variés de la vie zoologique suffirait amplement pour nous convaincre de l'impuissance des obstacles dus aux conditions biologiques lorsqu'ils s'opposent à la fécondité de la nature.

Pour en prendre un exemple en rapport avec notre sujet, rappelons-nous que pendant les époques primitives du globe où la chaleur intérieure et l'instabilité de la surface terrestre interdisaient l'existence des végétaux et des animaux actuels, une autre vie proportionnée à ces premiers âges s'y propagea d'une manière prodigieuse. D'un côté, une végétation puissante, des Cicadées qui ne mesuraient pas moins de 7 pieds de diamètre, des Fougères arborescentes dont l'équateur seul a conservé les vestiges vivants, s'étendaient au loin dans les terres encore toutes marécageuses et préparaient, il y a des millions d'années, l'atmosphère oxygénée actuelle et la formation des houilles. D'un autre côté, des animaux microscopiques construisaient, au sein d'une chaleur très-élevée, des montagnes entièrement formées de leurs débris, animaux si petits, qu'on a pu en placer 300 sur une longueur de 2 millimètres et dont le nombre est si prodigieux, que dans *une* once seule on en a compté jusqu'à 3840000 (1)! A ces êtres, dont la simplicité organique était en harmonie avec la nouveauté du globe, succédèrent les végétaux plus riches et plus élégants qui portent des fleurs, et les animaux plus élevés dans l'économie vivante qui sont doués d'une vitalité prodigieuse, à ce point que ces races étaient insensibles aux bouleversements du sol et même aux grandes révolutions de l'écorce terrestre, si fréquentes alors. C'est de cette époque que date la création des Rayonnés et des Polypes qui, brisés et morcelés en diverses parties, vivent et se reproduisent encore; des Annelés, doués aussi d'une grande force vitale, et plus tard des Crustacés, dont le corps, protégé par leur cuirasse, conservait encore un dernier héritage de la prévoyance de la Nature, qui agit toujours selon les lieux et les temps. C'est de là aussi que datent, à une époque plus rapprochée de nous, les animaux recouverts d'écailles et d'une enveloppe coriace résistante, ces Sauriens gigantesques, alors seuls maîtres de

(1) De Humbolt, *Cosmos*, t. I, p. 270.

la création vivante, ces colosses du règne animal qui dominèrent pendant des milliers d'années dans les régions où l'homme devait apparaître un jour. Rappelons-nous que depuis le berceau du monde jusqu'à l'apparition du dernier être créé, des multitudes d'espèces végétales et animales se succédèrent à la surface du globe à mesure que se transforma l'état physique du sol et du milieu atmosphérique, naissant, se développant et disparaissant avec des périodes séculaires, pour faire place à d'autres êtres qui renouvelèrent successivement la même scène. Nous saurons alors que la puissance créatrice est infinie et que nous ne pouvons raisonnablement concevoir aucun obstacle à la manifestation de la vie, tant que cet obstacle ne sera pas en contradiction formelle avec les lois qui régissent le monde. Du reste nous n'avons rappelé le tableau des temps primitifs que pour étendre ce principe à la généralité des astres, et pour montrer que, du moins entre les limites extrêmes, les mondes peuvent être peuplés par toutes sortes d'espèces vivantes qui ne sauraient résider parmi nous. Mais dans les opérations actuelles même de la Nature, les preuves abondent de toutes parts pour nous prouver, par la diversité de ses productions terrestres, quelle variété elle a pu répandre dans les cieux; — soit au point de vue des milieux et de leurs principes vitaux, lorsque nous voyons des espèces sans nombre d'animaux aquatiques se partager une existence incompatible avec celle de toutes les autres productions du globe (Cuvier), et des amphibies, vivre comme les alligators et les serpents, dans une atmosphère mortelle pour l'homme et pour les animaux supérieurs (Humboldt); — soit au point de vue de la lumière, lorsque nous voyons les condors et les aigles qui résident dans les hautes régions de l'air et sur des neiges éblouissantes fixer habituellement le Soleil (Lenorman), et certaines espèces de poissons jouir des bienfaits de la lumière dans l'épaisse obscurité des profondeurs océaniques, où règnent éternellement des ténèbres telles que n'en présente jamais la plus profonde nuit à la surface de la Terre (Biot) (1); —soit enfin au point de vue de la chaleur, des climats, de la pe-

(1) L'homme lui-même, par un exercice prolongé, peut rendre son œil tellement sensible à la moindre impression lumineuse qu'il peut lire et écrire là où tout autre se croirait dans l'obscurité la plus absolue. Un prisonnier de la Bastille en fit la triste expérience. Enfermé pendant quarante années dans un cachot souterrain, en apparence complétement privé de lumière, il parvint non seulement à écrire, mais encore à lire. Toutefois son œil devint tellement impressionnable que lorsqu'enfin on lui accorda sa grâce, il sollicita comme une faveur la permission de rentrer dans sa prison, car il lui était impossible de s'habituer de nouveau à la lumière du jour. — Valérius, *les Phénomènes de la Nature*, p. 10.

santeur, de la pression atmosphérique, etc., lorsque nous savons que certains Infusoires ne connaissent ni le froid ni le chaud, que les mêmes espèces qui vivent en Chine et au Japon ont été trouvées dans la mer Baltique (J. Ross), que les Diatomées qui pullulent dans les sources chaudes du Canada se montrent aussi dans les régions polaires, que celles qui vivent à la surface de la mer ont été trouvées au moyen de la sonde à une profondeur de 1800 pieds où elles subissaient une pression de 60 atmosphères (Zimmermann) ; pas plus que le poids absolu des corps, le froid ni le chaud absolus n'existent nulle part dans l'univers, où tout n'est que relatif, où tout est harmonie.

Or si tel est l'enseignement que nous donne ici-bas la nature, si son inépuisable fécondité, contre laquelle nulle résistance n'a su et ne saurait prévaloir, met tant de variété dans les productions de la Terre, combien plus devons-nous être assurés que nulle cause ne peut efficacement s'opposer à la manifestation de la vie dans les planètes et dans les satellites, dont les productions d'ailleurs peuvent varier à l'infini ! Nous disons que ces diverses productions peuvent et doivent varier à l'infini, et nous sommes aussi loin d'admettre que l'habitant de Mercure soit conformé comme celui de Neptune, que nous sommes assurés qu'il y a une infinité d'organisations qui diffèrent, non-seulement d'un monde à l'autre, mais encore dans chacun des mondes avec ses différents âges, ses climats et ses conditions biologiques. Si nous nous faisons une juste idée de la puissance effective de la Nature (1), nous admettrons forcément que les habitants des planètes les plus éloignées du Soleil ne reçoivent pas moins de lumière et de chaleur, relativement à leur organisation réciproque, que ceux de Mercure ou de la Terre, et qu'on ne peut logiquement s'appuyer sur l'éloignement ou la proximité des planètes pour en déduire l'inhabitabilité. Nous disons aussi que les éléments inhérents à la constitution de telle ou telle planète ne peuvent pas être plus contraires à leur habitabilité que ceux dont la Terre est revêtue ne nous sont contraires à nous-mêmes. Ainsi, lorsqu'on nous oppose que l'eau serait à l'état de vapeur dans certains mondes, et à l'état de glace ou de neige dans d'autres, que les minéraux seraient en fusion chez les uns et dans un état de dureté telle chez les autres, que l'agriculture et les arts seraient impossibles, ou mille autres raisons équivalentes, de telles expres-

---

(1) Afin que l'on ne donne pas une interprétation panthéiste à ce mot de *Nature* qui revient souvent dans notre étude, nous dirons que *nous considérons la nature, c'est-à-dire l'universalité des choses créées et des lois qui les régissent, comme l'expression de la Volonté divine.*

sions ne peuvent se rapporter qu'aux choses de la Terre transportées sur ces astres, ce qui leur enlève jusqu'à l'ombre d'une valeur scientifique. Il est certain que la nature sait parfaitement approprier l'organisation physique des êtres vivants à celle des êtres organiques ou inorganiques parmi lesquels se doivent écouler leurs jours, en même temps qu'aux principes vitaux propres aux milieux dans lesquels ils doivent consumer leur existence.

Nous allons plus loin encore, et nous osons étendre ce principe à la généralité des astres, quelle que soit la différence de leur condition et de la nôtre; en restant toutefois entre les limites extrêmes, car la nature, qui a l'éternité devant et derrière elle, peut avoir et a nécessairement des mondes en voie de formation et de destruction. Nous pensons donc que certaines conditions biologiques qui nous paraissent incompatibles avec l'existence peuvent être en réalité favorables à des êtres organisés sur un mode inconnu, que l'absence d'atmosphère, par exemple, et par là même l'absence de liquides à la surface de certains mondes, n'entraîne pas *nécessairement* l'impossibilité de la vie. En effet, les auteurs modernes qui n'admettent la pluralité des mondes qu'avec cette restriction ne jugent donc pas la nature capable de former des êtres vivants sur d'autres modèles que ceux qu'elle a établis sur la Terre? Est-ce une raison, parce que nous ne pouvons vivre sans ce fluide grossier qui enveloppe notre globe, qu'aucun être possible ne puisse habiter des sphères privées de ce fluide, et de ce que l'eau est nécessaire à l'alimentation de la vie terrestre, devons-nous en conclure qu'il en soit ainsi sur tous les mondes? Le Créateur aurait-il étendu sur la Terre une atmosphère aérienne composée telle qu'elle est, si l'homme avait dû être organisé différemment, ou aurait-il placé ici-bas l'homme organisé tel qu'il est, si cette atmosphère n'avait pas existé? Quelle absurdité pour les modernes de renfermer le pouvoir créateur dans ces étroites limites, dans lesquelles la science humaine elle-même n'oserait pas se retrancher pour toujours! Quelle sottise de prétendre que sans un certain nombre d'équivalents d'oxygène et d'azote, la toute-puissante Nature ne pourrait engendrer ni la vie animale, ni la vie végétale, ou plutôt nulle sorte d'êtres, car de ce que la nature terrestre est divisée en trois règnes, ce n'est pas une raison pour qu'elle ne puisse apparaître en d'autres mondes sous des formes incompatibles avec les formes terrestres! En vérité les anciens eussent mieux raisonné, et si nous interrogions leur dernier rejeton, qui les réfléchit tous dans ses mémorables écrits : « Ceulx qui veulent, nous répondrait-il, que les estres animés des aultres mondes aient toutes les choses nécessaires à la naissance, vie, nourriture et entretien qu'ont ceulx de par ici, ne considèrent pas la diversité grande et inégalité qui est dans la nature, là où il se trouve des variétés et différences plus grandes entre les estres les uns des autres. Tout ainsi comme si nous ne pouvions approcher de la mer, ni la toucher, en ayant seulement la vue de loin, et entendant dire que l'eaue en est amère, salée et non beuvable, qu'elle nourrit de grands animaux en grand nombre et de toutes formes dedans son fond, et qu'elle est toute pleine de grandes bestes qui se servent de l'eaue ne plus ne moins que nous faisons de l'air, il nous serait advis qu'on nous conterait des fables et des nouvelles étranges, controuvées et faictes à plaisir. Ainsi semble-il que nous soyons disposés envers la Terre et aultres mondes, discroyant qu'il y ayt aulcun homme qui habite là (1). »

Ajoutons ici que, de même que nous ne connaissons pas toutes les causes qui ont pu influer et qui influent encore aujourd'hui sur les manifestations de la vie et sur son entretien et sa propagation à la surface de la Terre, de même nous sommes loin de connaître tous les principes d'existence qui propagent sur les autres mondes des créatures très-dissemblables. C'est à peine si nous avons pénétré celles qui président aux fonctions journalières de la vie; c'est à peine si nous avons pu étudier les propriétés physiques des milieux, l'action de la lumière et de l'électricité, les effets du magnétisme,...; il en est d'autres qui agissent constamment sous nos yeux et que l'on n'a pas encore découvertes. Combien donc serait-il vain de prétendre expliquer les existences planétaires à l'aide de notre science? Quelle cause pourrait lutter avec avantage contre le pouvoir effectif de la nature, et s'opposer à l'existence des êtres sur tous ces globes magnifiques qui circulent autour de l'astre radieux! Quelle extravagance de regarder le petit monde qui nous a donné naissance comme le temple unique ou comme le modèle de la nature!

Rappelons-nous maintenant en résumé ce que nous avons démontré jusqu'ici, et nous établirons cette double conclusion évidente au point de vue physiologique comme au point de vue astronomique : 1° *La Terre n'a aucune prééminence marquée sur les autres planètes; 2° les autres planètes sont habitables comme elle.*

Cette proposition démontrée, il est facile d'en tirer un corollaire qui sera le dernier mot de notre discussion. Ici toute la philosophie vient unanimement nous répondre que toute

(1) Plutarchus, *de facie in orbe Lunæ*, p. 295.

chose a sa raison d'être dans la nature, laquelle ne fait rien en vain, et depuis Aristote jusqu'à Buffon, aucun naturaliste n'a songé à révoquer en doute cette vérité, qui est d'une évidence axiomatique. Si la Nature a parsemé l'étendue de mondes habitables, ce n'est point pour en faire d'éternelles solitudes; de l'aveu de tous les philosophes, il n'est pas possible de soutenir une opinion contraire. Pour nous, nous poserons simplement le dilemme suivant : Ou la création des planètes a un but, ou elle n'en n'a pas. Si elle n'a pas de but, il s'ensuit que leurs conditions respectives sont tout à fait fortuites, que c'est le hasard qui les a formées telles qu'elles sont, qui a par conséquent présidé aux transformations de la matière et à l'établissement des mondes. Or on voit que cette supposition n'est autre que l'opinion des matérialistes, lesquels reconnaissent en principe la pluralité des mondes (1). Maintenant si la création des planètes a un but, les considérations précédentes ayant démontré que la Terre n'a aucune prééminence sur elles, et qu'il serait absurde de prétendre qu'elles aient été créées uniquement pour que quelques-uns d'entre nous les observassent de temps en temps dans le ciel, nous demanderons comment ce but peut être rempli s'il n'y a pas un seul être qui les habite et qui les connaisse? Pourquoi les planètes auraient-elles reçu des années, des saisons, des mois et des jours, et pourquoi la vie n'éclorait-elle pas à la surface de ces mondes qui jouissent comme le nôtre des bienfaits de la nature et qui reçoivent comme lui les rayons générateurs du même Soleil? Pourquoi ces neiges de Mars qui fondent à chaque printemps et descendent abreuver ses campagnes? Pourquoi ces nuages de Jupiter qui répandent l'ombre et la fraîcheur dans ses plaines immenses? Pourquoi cette atmosphère de Vénus qui baigne ses vallées et montagnes? O mondes splendides qui voguez loin de nous dans les cieux! serait-il possible que la froide stérilité fût à jamais l'immuable souveraine de vos campagnes désolées? Serait-il possible que cette magnificence qui semble être votre apanage, fût donnée à des régions solitaires où les seuls rochers se regarderaient éternellement dans un affreux silence? Spectacle épouvantable et plus incompréhensible que si la

(1) Si c'est la combinaison aveugle des principes vitaux qui a formé la Terre et ses habitants, il est certain que ces mêmes principes étant répandus dans tout l'espace dès le chaos primitif, avec les mêmes rayons de lumière et de chaleur, avec les mêmes éléments primitifs de la matière, avec les mêmes corps solides, liquides ou gazeux, enfin avec les mêmes causes qui ont intervenu dans la formation de notre monde; il est certain, dit le matérialiste, que ces mêmes principes, ne restant jamais inactifs, ont engendré par mille et mille combinaisons d'autres êtres de toutes formes, de toutes grandeurs, de toutes proportions, aussi variés que ces combinaisons elles-mêmes. (*Voyez* Épicure, Lucrèce, Spinosa,.... et leurs disciples des temps modernes.)

mort en furie, venant à passer sur la Terre, fauchait d'un seul coup la population vivante qui rayonne à sa surface, enveloppant ainsi dans une même ruine tous les enfants de la vie, et laissant la Terre rouler dans l'espace comme un cadavre dans une tombe éternelle!

II.

Les considérations qui précèdent établissent une double certitude, et seraient plus que suffisantes pour des questions ordinaires et purement humaines; mais la Nature n'a pas voulu laisser aux hommes le soin d'expliquer le chef-d'œuvre de la création. Le Roi des êtres a jeté un voile mystérieux sur cette preuve sublime de sa toute-puissance, et s'est réservé de le soulever lui-même, afin de confondre l'orgueil des hommes en même temps qu'il agrandirait la sphère de leur intelligence. Pour arriver à cette fin, avant que la science leur découvrît les merveilles de sa fécondité prodigieuse, la Nature a mis dans l'esprit de ceux qui l'ont étudiée la notion de la pluralité des mondes, en leur apprenant qu'une seule terre habitée ne serait pas digne d'elle. Puis elle a laissé à la science le soin de développer cette idée primitive, en permettant à l'homme de pénétrer au sanctuaire de son éternelle puissance. Tandis que les anciens, qui pouvaient adorer l'infinité du Créateur en contemplant l'immensité de la Terre et la variété de ses productions, comprenaient néanmoins combien cette seule terre mériterait peu de rassasier ses regards et combien les merveilles qui la décorent sont au-dessous de la majesté divine, les modernes, à la suite du progrès des sciences, ne devaient pas en être réduits à renfermer cette majesté suprême dans un monde où ils commencent à se sentir eux-mêmes à l'étroit, où les plus longs voyages ne sont plus que des promenades d'agrément, et qu'ils roulent pour ainsi dire comme un jouet dans leurs mains. C'est alors que, tandis que la Terre perdait de sa splendeur première en se laissant mieux connaître et rétrécissait de plus en plus son horizon à nos regards, le monde sidéral développait dans de gigantesques proportions son incommensurable étendue et s'agrandissait à mesure que nous connaissions mieux l'exiguïté de notre globe. C'est alors que, tandis que le microscope nous apprenait que la vie déborde de toutes parts de notre séjour et que la Terre est trop étroite pour la contenir, le télescope nous ouvrait dans les cieux de nouvelles régions où cette vie n'est plus resserrée comme ici-bas, où elle se propage dans des plaines fertiles et véritablement dignes de la complaisance de la Nature. C'est alors que les découvertes microscopiques sont venues nous annoncer que la puissance créatrice ne s'est pas mise en peine que l'on connût la plus faible partie des êtres existants, en nous révélant que la vie invisible est infiniment plus étendue sur les continents et dans les eaux que la vie apparente, en nous montrant, par exemple, des milliers d'Infusoires dans une goutte d'eau, en nous dénombrant 40 000 millions de Galionnelles fossiles dans un pouce cube de tripoli, et dans certains cas jusqu'à 1 800 000 millions de leurs carapaces ferrugineuses dans ce même volume.

Si donc il y a dans quelques grains de poussière plus de débris des êtres qui y ont passé leur existence qu'il n'y a eu et qu'il n'y aura peut-être jamais d'hommes sur toute la Terre, que dirons-nous de ces couches immenses de terrain crétacé qui s'étendent au loin sur les côtes avec une épaisseur de plusieurs mille pieds, et dont chaque once renferme des millions de Foraminifères? Que dirons-nous de ces Polypes cent fois centenaires, qui forment des îles entières du Grand Océan, de ces milliards d'animaux et de végétaux microscopiques qui, à eux seuls, ont construit des chaînes de montagnes, et qui ont exercé une action plus efficace sur la structure de la Terre que ces masses monstrueuses de baleines et d'éléphants, que ces énormes troncs de figuiers et de baobabs? Que dirons-nous de cette vie cachée dans les plaines et dans les forêts de l'Océan? « Là, dit le doyen de la science moderne (1), on sent avec admiration que le mouvement et la vie ont tout envahi; à des profondeurs qui surpassent les plus puissantes chaînes de montagnes, chaque couche d'eau est animée par des Polygastriques, des Cyclidées et des Ophrydines. Là pullulent les animalcules phosphorescents, les Mammarias de l'ordre des Acalèphes, les Crustacés, les Péridiums, les Néréides, dont les innombrables essaims sont attirés à la surface par des circonstances météorologiques et transforment chaque vague en écume lumineuse. L'abondance de ces petits êtres vivants, la quantité de matière animalisée qui résulte de leur rapide décomposition est telle, que l'eau de mer devient un véritable liquide nutritif pour des animaux beaucoup plus grands. »

Où trouver alors une limite à la fécondité de la Nature, comment circonscrire sa puissance à notre pauvre séjour, lorsque nous savons que la *Vie universelle* est son éternelle devise, lorsqu'il suffit d'un rayon de Soleil pour faire pulluler des animalcules vivants dans une goutte d'eau et pour en faire tout un monde, lorsque nous savons qu'une seule Diatomée peut, dans l'espace de quatre jours, produire plus de 150 milliards

(1) De Humboldt, *Cosmos*, t. I, p. 365.

d'individus de son espèce? Où rencontrer les bornes de l'empire de la vie, lorsque nous voyons que non-seulement dans la vie minérale où fourmillent des légions d'êtres vivants, non-seulement dans la vie végétale où des animaux paissent sur les feuilles des plantes comme les bestiaux dans nos prairies, mais encore dans la vie animale considérée en elle-même, la Nature, non contente de répandre les espèces partout où la matière existe, les entasse encore les unes sur les autres, et formant une vie parasite qui se développera sur la première, dépose encore sur elle de nouvelles semences et de nouveaux germes appelés à perpétuer ainsi de multiples existences sur l'existence elle-même : nous apprenant ainsi ce qu'elle opère sur les mondes planétaires, puisqu'elle est la même pour ces mondes que pour le nôtre, et qu'ici plutôt que de se lasser de produire, elle propage l'existence au détriment de l'existence elle-même!

Et tandis qu'elle a jeté sur la Terre une page aussi éloquente, tandis qu'elle nous représente d'une manière aussi irréfutable que la mort est chassée de son empire et qu'elle ne se plaît qu'à répandre la vie en tous lieux, on oserait prétendre que ces régions fortunées des mondes planétaires, qui sont comme nos campagnes terrestres soumises aux mêmes lois et comme elles sous le regard actif de la même Providence, ne seraient que de mornes et inutiles déserts, que toutes les merveilles de la création serait enfouies dans ce coin de l'immensité que l'on nomme la Terre, et que la Nature, si prodigue d'existences ici-bas, en aurait été partout ailleurs d'une avarice sans égale? On oserait dire que tous les mondes hormis un, que l'univers entier, enfin, ne serait autre chose qu'un amas de blocs inertes flottant dans l'espace, recevant tous les bienfaits de l'existence et donnés en apanage au néant, comblés de tous les dons de la fécondité et rejetés d'une Nature marâtre, disposés au séjour de la vie et voués éternellement à la mort! On oserait penser que, parce que nous sommes ici ramassés sur notre grain de poussière et que nos yeux sont trop faibles pour apercevoir les habitants des autres mondes, il faut que toute la création s'y trouve entassée, que tant de sphères magnifiques soient d'immenses et profondes solitudes, d'où nulle pensée, nul soupir, nulle aspiration de l'âme ne s'élèvent vers le Créateur des êtres, que la Puissance infinie, en un mot, se soit épuisée à revêtir notre petit globe de sa pauvre parure? Eh! qui donc parmi ceux qui pensent, oserait encore jeter une insulte aussi grossière à la face rayonnante « du Pouvoir infini qui façonna les mondes? »

Si la Nature ne s'est pas mise en peine que nous connaissions la plus faible partie des êtres existant sur la Terre, si elle a voulu nous prouver ainsi qu'au delà des créatures qui tombent sous nos sens il en est une multitude d'autres qu'elle n'a pas même songé à nous faire connaître, et cela dans notre propre demeure, combien à plus forte raison devons-nous étendre cette intention suprême aux merveilles qu'elle opère dans des régions qui nous sont interdites par leur antagonisme et leur distance? Combien à plus forte raison devons-nous être assurés que, non-seulement elle ne nous a pas donné les moyens de savoir de quelle manière elle agit dans ces habitations lointaines, mais encore qu'elle ne veut même pas nous apprendre jusqu'à quelle profondeur elle répand dans l'espace des milliers de mondes habitables, sphères étincelantes qu'elle a semées dans les prairies azurées du ciel, avec la même profusion et la même facilité qu'elle a répandu l'herbe verdoyante dans les prairies de la Terre.

C'est ainsi que la Nature elle-même nous apprend que, de même qu'il est ici-bas au-dessous de l'homme une infinité de créatures dont nous ignorons jusqu'à l'existence, ainsi l'immensité des cieux est peuplée d'une infinité de mondes et d'êtres qui peuvent être bien supérieurs au nôtre et à nous-mêmes. « Ceux qui verront clairement ces vérités, dit Pascal (1), pourront examiner la grandeur et la puissance de la nature dans cette double infinité qui nous environne de toutes parts, et apprendre par cette considération merveilleuse à se connaître eux-mêmes, en se regardant comme placés entre une infinité et un néant d'étendue, entre une infinité et un néant de nombres, entre une infinité et un néant de mouvements, entre une infinité et un néant de temps. Sur quoi on peut apprendre à s'estimer à son juste prix, et à former des réflexions qui valent mieux que tout le reste de la géométrie même. »

Et la grande loi d'unité et de solidarité qui a présidé à la transformation des mondes et qui dirige toutes les opérations de la Nature? Cette loi d'unité qui donne à chaque espèce de minéral des figures géométriques similaires, comme à chacun des mondes les mêmes formes et les mêmes mouvements; qui a construit le système artériel, le système osseux de l'homme et des animaux, sur le même modèle que les feuilles des plantes, les ramifications des arbres, voire même que les différents cours d'eaux des ruisseaux, des rivières et des fleuves? Cette loi de solidarité qui fait que chacun des êtres concourt à l'harmonie générale, que rien n'est isolé dans l'économie

(1) Pascal, *Pensées*.

universelle, et que les exceptions parmi les êtres sont des monstres dans l'ordre naturel? Est-il besoin de nous étendre sur cette loi première de la Nature, pour montrer qu'elle n'a pu établir un système de mondes dont l'un des membres ferait exception à la règle générale, et que, par conséquent, la Terre ne serait point habitée s'il était dans l'ordre des choses que les planètes fussent destinées à une éternelle solitude? La vie végétale fonctionne comme la vie animale; dans l'ergot du gallinacé, sous le sabot du solipède, nous trouvons les cinq doigts du quadrupède et du bimane; l'homme passe par tous les degrés de l'animalité avant de sortir du sein maternel..... Or, dès l'instant que rien n'est isolé sur ce globe, que la loi d'unité y est appliquée à profusion, en tout et partout, il est inadmissible qu'il y ait un monde isolé dans l'univers, et que notre globe, formant exception à côté de tous, soit seul revêtu des merveilles de la création vivante.

III.

Nous terminerons notre étude physiologique par des considérations tirées de l'habitabilité intrinsèque de notre globe.

Non-seulement la Nature a mis dans notre esprit l'idée de la pluralité des mondes, non-seulement elle nous confirme dans cette idée, en nous apprenant que la Terre n'est pas favorisée parmi les autres planètes, qu'elle a construites habitables comme elle, et que de plus il est dans son essence de propager la vie en tous lieux, et dans ses lois d'être la même pour tous les mondes; elle a encore voulu combler notre certitude, et enlever ainsi les uns après les autres tous les arguments de nos antagonistes, en nous démontrant maintenant que, même pour l'existence humaine, la Terre n'est pas le meilleur des mondes possible.

Nous rappellerons d'abord un fait biologique de la plus haute importance : c'est que la trop fréquente répétition des actes de la vie est la cause la plus active de son prompt épuisement; de sorte que plus les saisons et les années ont de longueur et de ressemblance, plus les organismes vivants y trouvent de conditions favorables à la prolongation de leur existence. C'est évidemment l'inverse dans les astres dont les périodes ne s'enchaînent qu'à de courts intervalles. Or nous disons que sous ce nouveau point de vue la Terre ne jouit pas des mêmes avantages que certaines planètes, et qu'elle est loin d'être le monde le plus favorablement établi pour l'existence humaine.

On sait que l'inclinaison des axes de rotation des sphères célestes sur le plan de leurs orbites respectives est la cause astronomique de la différence des saisons, des jours et des climats. Si l'axe de rotation était perpendiculaire à ce plan, la zone torride ne s'étendant pas au delà de l'équateur et la zone glaciale étant circonscrite aux pôles, les effets de la chaleur et de la lumière s'affaibliraient insensiblement depuis le cercle équatorial jusqu'aux cercles polaires, ce qui donnerait un climat tempéré et habitable à toutes les régions de l'astre. Une même saison régnerait perpétuellement sur toute la surface du globe, et une température spéciale et permanente serait affectée à chaque latitude. On peut juger par là de la fertilité d'une planète ainsi favorisée, de la facilité avec laquelle les plus riches productions du globe se développeraient à sa surface, et de l'influence heureuse d'un tel séjour sur la double vie matérielle et intellectuelle des hommes. Enfin un partage impartial de la durée du jour et de la nuit achèverait de doter un tel monde des avantages les plus précieux pour la prospérité, le bonheur et la longévité de ses habitants. La poésie de ce printemps éternel nous transporte à l'âge d'or de la mythologie antique, au paradis terrestre de la Bible;... Mais il nous faut descendre de ces régions fortunées pour ne considérer simplement que les avantages réels relatifs à l'habitabilité des mondes.

Si l'axe de rotation était couché sur le plan de l'orbite et coïncidait avec lui, on voit de la même manière que la zone tempérée qui, dans la position précédente, s'étendait sur la superficie entière de la planète, en disparaît complétement dans le cas actuel. Le Soleil passerait successivement au zénith de tous les points du globe auquel il donnerait les saisons les plus disparates et les jours les plus inégaux, et répandrait alternativement dans chaque hémisphère une lumière continue et des ténèbres permanentes, une chaleur torréfiante et un froid glacial. Chaque pays serait exposé tour à tour à ces alternances intolérables, et ne donnerait ainsi en partage à ses habitants, que les conditions les plus pernicieuses au progrès et même à la stabilité de leur civilisation primitive.

Ce sont là les deux positions extrêmes de l'axe de rotation d'une planète, entre lesquelles il en est une multitude d'intermédiaires. Or la Terre serait sous cet important point de vue le meilleur des mondes possible, si son axe de rotation était perpendiculaire au plan de l'orbite. On sait qu'il est incliné de plus de 23°, et que nous avons trois zones caractérisées par des climats spéciaux. Ces diverses régions sont loin d'être également habitables : d'un côté les feux de l'équateur se montrent peu propices au maintien et à la longue durée de l'existence, dont les ressorts incessamment fatigués par une chaleur accablante s'usent en assez peu de temps; d'un autre côté la rigueur des climats polaires est incompatible avec les fonctions de la vie humaine, et avec les besoins de l'organisation, tant animale que végétale.

Ce serait peut-être ici le lieu de remarquer que les poëtes qui ont chanté l'enfance du monde, se sont tous accordés, à la vue de l'infériorité actuelle de notre globe, à lui donner pour les temps primitifs la position astronomique que nous avons envisagée dans le premier cas. C'est sur quoi se sont principalement étendus : Ovide, dans le Ier Livre des *Métamorphoses*, et Milton, dans le IXe Chant du *Paradis perdu*.

Sous le point de vue que nous envisageons ici, notre satellite est l'un des mieux favorisés, de tous les mondes connus de notre système, car son axe de rotation n'est incliné que de 2° sur le plan de l'orbite. L'été et l'hiver se confondent là-haut en une seule et même saison, uniforme et permanente, égale à la durée de l'année. Il n'y a, en fait de saisons, que le jour et la nuit, qui durent chacun une demi-année lunaire. Aussi les Sélénites (si Sélénites il y a) sont-ils les habitants les plus favorablement placés sous ce rapport pour la plus longue durée de l'existence.

Les habitants de l'anneau de Saturne seraient peut-être encore plus privilégiés que les précédents à l'égard de la durée du jour et de l'année; car celle-ci, qui ne se compose comme sur les satellites que d'un seul jour et d'une seule nuit, est presque égale à trente des nôtres. « La longévité pourrait y être plus considérable qu'en aucun autre monde de notre système solaire, puisque, d'après le grand principe de physiologie, les puissances biologiques, longtemps soumises aux mêmes influences, n'auraient point à souffrir de ces fréquentes secousses qui dans un état de choses moins favorable en usent et brisent les ressorts dans un laps de temps souvent fort court, comme nous voyons qu'il arrive nécessairement pour la vie si éphémère de l'homme et des animaux sur la Terre (1). »

Mais de toutes les planètes la plus favorisée sous tous les rapports est le magnifique Jupiter, dont les saisons à peine distinctes ont encore l'avantage de durer douze fois plus que les nôtres. Ce géant planétaire semble placé dans les cieux comme un défi aux faibles habitants de la Terre, en leur faisant entrevoir les tableaux pompeux d'une longue et douce existence. « Cette planète si magnifique, se demande un célèbre physicien (2), ne possède-t-elle pas un type d'intelligences

---

(1) Dr Plisson, *les Mondes*, p. 174.
(2) Sir David Brewster, *More Worlds than one*, p. 73.

dont la plus faible serait encore supérieure à celle de Newton? Ses habitants ne se servent-ils pas de télescopes plus pénétrants ou de microscopes plus puissants que les nôtres? N'ont-ils pas des procédés d'induction plus subtils, des moyens d'analyse plus féconds, et des combinaisons plus profondes? Là, n'a-t-on pas résolu le problème des trois corps, expliqué l'énigme de l'éther lumineux ou enveloppé la vertu transcendante de l'esprit dans les définitions, les axiomes et les théorèmes de la géométrie? Ils jouissent sans doute d'une haute puissance de raison, qui les conduit à une plus saine appréciation et à une meilleure connaissance des œuvres de Dieu. Mais quelles que soient leurs occupations intellectuelles, qui peut douter qu'ils n'étudient et développent les lois de la matière qui sont en action autour d'eux, au-dessus d'eux, au-dessous d'eux et parmi eux dans les cieux? »

Pour nous, qui sommes attachés au boulet terrestre par des chaînes qu'il ne nous est pas donné de rompre, nous voyons s'éteindre successivement nos jours avec le temps rapide qui les consume, avec les capricieuses périodes qui les partagent, avec ces saisons disparates dont l'antagonisme se perpétue dans l'inégalité continuelle du jour et de la nuit et dans l'inconstance de la température. Combien la condition de la Terre est éloignée de celle de ce monde que nous considérions au premier abord! monde dont se rapproche au premier degré le splendide Jupiter, monde qui existe certainement dans la multitude des planètes qui circulent autour des soleils de l'espace, monde où, à l'abri des transitions de chaleur et de froid, de sécheresse et d'humidité, et des variations incessantes de l'équilibre de la température, les fonctions de l'économie vivante s'accomplissent sans trouble et, loin de s'opposer aux opérations de la pensée, se sont érigées en protectrices de l'intelligence.

Loin de nous la pensée de terminer cet Essai par des lamentations sur notre pauvre condition humaine! Mais il ne sera pas inutile toutefois de constater ici par des faits irrécusables, que la Terre est loin d'être le meilleur des mondes possible. En tout et partout la nature lutte contre l'homme, au lieu de le seconder dans ses vues. « Notre régime, dit un philosophe contemporain (1), peut se traduire par ce seul fait que nous avons été obligés de quitter le plein air de la campagne pour nous réfugier dans des lieux plus agréables. La nature terrestre ne nous donne qu'une fort mauvaise hospitalité : non-seulement elle ne nous étale guère de beautés qui ne soient quel-

(1) M. Jean Reynaud, *Terre et Ciel, philosophie religieuse*, p. 55 et 59.

que part gâtées par des laideurs; mais, sans attention pour nos besoins, après s'être capricieusement complue à nous caresser un instant, elle se pousse à des excès de climats que nous ne pouvons supporter sans douleur.... Nous sommes obligés de nous garantir dans des maisons bien établies. Toutefois toute notre industrie ne saurait empêcher que si nous voulons jouir de toute l'étendue de territoire qui nous est attribuée, il ne faille nous résoudre à endurer au gré de la nature le froid et le chaud. C'est une des fatalités de notre séjour actuel, et la constitution fondamentale de la Terre ne nous laisse d'autre alternative que de choisir entre deux esclavages : l'esclavage des saisons ou l'esclavage du logis. »

Embrassons, s'il est possible, sous un même coup d'œil la population humaine qui couvre la Terre, et constatons que ce globe est loin d'être à la convenance de l'Homme, que la stérilité de sa planète le force à employer la majeure partie de son temps à l'acquisition des moyens de subsistance. Les plantes dont il se nourrit doivent être semées, cultivées et préparées; les animaux dont il se sert doivent être abrités par lui contre l'intempérie des saisons, il lui faut leur bâtir des logements, préparer leurs aliments et se rendre lui-même leur esclave. Seul au milieu de la nature, l'homme ne reçoit d'elle le moindre concours, et s'il trouve de quoi vivre sur la Terre, c'est par un travail continuel et non point en vertu des bonnes dispositions de la nature. Voyons-la, cette même nature terrestre, engloutir chaque année des milliers d'hommes qui vont chercher l'alimentation du progrès au delà des mers, secouer et détruire en un clin d'œil les villes où ils ont établi des centres de civilisation, dessécher les productions de la terre par une chaleur torride ou les inonder par des pluies torrentielles et le débordement des fleuves! Contemplons ces multitudes en haleine et courbées vers la terre, brisées par un labeur stérile, et dont l'intelligence est fermée à toutes les aspirations de la pensée! Promenons nos regards investigateurs sur la surface du monde terrestre, partout le même et désolant spectacle; et si nous rencontrons ici et là des palais où le luxe étincelle, que nos regards percent ces lambris d'or, nous rencontrerons là aussi des yeux mouillés de pleurs! Nous saurons alors que l'intelligence humaine aux vastes pensers n'a point établi son règne ici-bas, où tout obéit aux exigences de la matière, et que l'immense majorité des hommes est à la peine pour donner à un très-petit nombre les commodités de la vie, en restant elle-même dans une profonde misère.

Si ce n'est pas assez des réflexions précédentes, considérons qu'outre cette inimitié de la nature extérieure, il en est une plus redoutable encore qui nous est dévolue par les forces intérieures qui régissent ce monde. Nos campagnes, nos villes et nos habitations ne sont portées que sur un océan de matières incandescentes qui d'un jour à l'autre peuvent s'effondrer et nous engloutir dans leurs brûlantes profondeurs. La croûte solide du globe, on le sait, n'a pas 10 lieues d'épaisseur, elle est constamment en agitation par l'activité incessante des forces souterraines, de sorte qu'une fluctuation intérieure pourrait à un moment donné soulever le bassin des mers, et, déversant leurs eaux sur nos contrées, nous engloutir en même temps qu'elle laisserait à sec leurs lits transformés en continents. Une révolution géologique pourrait aussi briser un beau jour en mille fragments cette enveloppe fragile sur laquelle nous nous croyons en sûreté, et en disperser les débris dans l'espace. Or, à la suite de telles considérations, peut-on prétendre encore que ce globe soit, même pour l'homme, le meilleur des mondes possible, et que bien d'autres corps célestes ne puissent lui être infiniment supérieurs et réunir mieux que lui les conditions favorables au développement et à la longue durée de l'existence humaine. Loin de le mettre au-dessus des autres astres, on s'étonnera que la vie y ait établi une résidence, et l'on avouera que s'il est ainsi peuplé, c'est parce que la Nature est prodigieusement féconde et qu'elle engendre des êtres là même où l'homme n'aurait jamais osé en concevoir. On comprendra qu'elle n'a peuplé la Terre que parce qu'il est dans son essence de produire la vie partout où il y a matière pour la recevoir, et loin de penser qu'elle a tari sa source inépuisable en multipliant ainsi les êtres à sa surface, on trouvera, dans la diversité et l'infinité de ses productions, une preuve éloquente de ce qu'elle ne s'est pas épuisée en décorant les autres mondes d'une multitude innombrable de créatures, puisqu'elle a pu encore en produire ici-bas.

Ainsi donc, non-seulement la position astronomique de la Terre sur l'orbe qu'elle parcourt, mais encore les dispositions normales de sa nature et sa constitution géologique particulière nous prouvent qu'elle est loin d'être le monde le plus favorablement établi pour l'entretien de l'existence. Les différences d'âges, de positions, de masses, de densités, de grandeurs, de milieux, de conditions biologiques, etc., placent un grand nombre d'autres mondes à un degré d'habitabilité supérieur à celui de la Terre, sur l'amphithéâtre immense des cieux. C'est dans ces mondes que l'humanité vit tranquille et glorieuse, protégée par un ciel bienfaisant et une température toujours égale, et jouissant en paix des dispositions amies de la nature. Un printemps éternel, peut-être plus diversifié par des charmes toujours nouveaux que nos saisons les plus disparates, décore ces mondes fortunés, où l'homme est dispensé de toute occupation matérielle et de ces besoins grossiers inhérents à notre organisation terrestre ; où, au lieu de mendier sa nourriture aux débris des autres êtres, il est doué d'organes qui l'aspirent insensiblement dans le milieu vital, de même qu'ici nos poumons se nourrissent à notre insu ; où, au lieu d'étudier avec peine la science du monde, des sens plus délicats et un entendement plus parfait lui révèlent les merveilles de la création et ses lois universelles. Là, les liens dorés de l'amour réunissent tous les membres de l'humanité comme une immense famille, le frère n'est point esclave du frère, et ni les rivalités sanglantes de la gloire guerrière, ni les discordes de l'envie ne répandent le venin de la mort. Là, on adore le Créateur sans se renfermer sous un ciel de pierre : la nature est le temple et l'homme est le prêtre. Là, on communique par la pensée ; ou bien, une langue universelle y remplace tous nos idiomes de nations. Là, enfin, l'homme contemple sans voile le panorama splendide de l'infini, suit de sa vue perçante le mouvement des cieux, et converse par des facultés merveilleuses avec les habitants des sphères avoisinantes.

Voilà ce que la Nature nous enseigne par cette voix universelle qui traverse les espaces et se fait entendre par delà les cieux aux habitants de tous les mondes, par cette voix qui s'adresse à l'âme et que tous les hommes créés peuvent entendre. Voilà ce qu'elle annonçait jadis aux sages, aux poëtes et aux philosophes dont le génie s'était par sa seule puissance élevé jusqu'à elle. Voilà ce qu'elle vient démontrer aujourd'hui par les découvertes modernes de la science, qui après une lutte de quinze siècles est enfin parvenue à pénétrer ses premiers secrets. Malgré l'impéritie de son interprète, elle a parlé d'une manière assez éloquente pour s'attirer les esprits et les cœurs ; mais la conviction qu'elle tient à établir parmi nous doit être profonde et ineffaçable et elle ne veut pas abandonner encore le tableau qu'elle a déroulé sous nos regards. Il est admis maintenant, nous l'espérons du moins, que la pluralité des mondes ne peut pas ne pas exister, et si l'on ne peut certifier que *tel* ou *tel* monde spécialisé soit *aujourd'hui* nécessairement habité, il faut du moins admettre, en thèse générale, que l'habitation des mondes est leur état normal. Mais il est une considération qui doit maintenant couronner la précédente. Le microscope nous a révélé que la puissance créatrice a répandu la vie en tous lieux et qu'au-dessous du monde visible il y a des êtres jusqu'à la plus extrême petitesse; le télescope va nous apprendre maintenant qu'il est impossible à notre esprit d'embrasser toute l'étendue de cette puissance et que, selon la parole de Pascal, nous aurions beau enfler nos conceptions au delà des espaces imaginables, nous n'enfanterions jamais que des atomes au prix de la réalité. Voici en effet le tableau le plus magnifique que puissent admirer nos regards, le spectacle le plus imposant dont il soit donné à l'homme d'être témoin : celui de l'immensité des cieux.

Et d'abord, notre système planétaire tel que nous l'avons présenté, c'est-à-dire terminé à l'orbite de Neptune, qui ne mesure pourtant pas moins de 7 milliards de lieues de circonférence, ne circonscrit point à ces étroites limites l'empire immense du Soleil. Outre que des planètes inconnues plus éloignées que Neptune peuvent circuler au delà de son orbite, d'innombrables comètes, soumises également à l'attraction solaire, sillonnent en tout sens les plaines éthérées et reviennent à des époques déterminées s'abreuver à cette source de lumière et de fécondité. Pour nous faire une idée de l'étendue du domaine du Soleil, rappelons-nous que la grande comète de 1811 emploie 3000 ans à accomplir sa révolution, et que l'effrayante comète de 1680 n'achève son immense période qu'après une course non interrompue de 88 siècles; que le premier de ces astres s'éloigne à 13 milliards 650 millions de lieues du Soleil, et le second à plus de 32 milliards!

Quelle que soit l'étendue occupée par notre système, ces distances, qui nous paraissent prodigieuses, ne peuvent pourtant pas être comparées, tellement elles sont exiguës, à celles qui nous séparent des étoiles. Pour être à même de concevoir, autant qu'il est en nous, l'immensité de l'univers astral visible, il faut savoir que toutes les étoiles brillent de leur propre lumière, et sont autant de soleils, peut-être plus radieux et plus volumineux que celui qui nous éclaire, et, de l'avis de tous les astronomes, centres d'autant de systèmes analogues au nôtre.

Les distances qui les séparent les unes des autres pourront être au moins conçues, si nous disons, en nous basant sur celle de Sirius, l'une des plus rapprochées de notre Soleil, qu'elles peuvent être approximativement exprimées par le nombre : 52 trillions 200 000 000 000 de lieues.

Mais il sera plus facile de les comprendre si nous observons que la lumière, qui parcourt *soixante-dix mille lieues par seconde*, ne met pas moins de 22 ans à nous venir de l'étoile que nous avons prise pour exemple, qu'elle met incomparablement plus de temps à nous venir de la presque totalité des astres, qu'il est des étoiles dont la lumière ne nous parvient qu'après 1 000, 10 000, 100 000 années, toujours en franchissant 70 000 lieues par chaque seconde.

Si l'on veut maintenant connaître le nombre des étoiles, quoique, étant infini par sa nature, il soit hors de toute compréhension humaine, nous essayerons cependant de donner une idée du nombre des astres visibles. Nous dirons pour cela que la seule nébuleuse stellaire, dont notre Soleil fait partie, la *Voie lactée*, dans laquelle notre Terre est invisiblement perdue, se compose, d'après les calculs de W. Herschell, d'environ *dix-huit millions de soleils*, que cet amas d'étoiles, cette île dans l'univers, forme une couche aplatie, lenticulaire, isolée de toutes parts, longue de sept ou huit cents fois la distance de Sirius au Soleil, mentionnée plus haut.

Maintenant, outre les soleils innombrables qui gravitent en systèmes sidéraux dans les cieux, l'espace est parsemé de voies lactées semblables à celle dont nous venons de parler, tellement éloignées de la nôtre, malgré l'étendue incommensurable qu'elles occupent chacune, que la lumière des soleils qui les composent ne peut arriver jusqu'à nous *qu'après des millions d'années* de marche incessante de 70 000 lieues par seconde, et que les plus forts télescopes ne nous montrent encore ces immenses et lointaines nébuleuses que sous la forme de lueurs blanchâtres perdues au fond de l'espace insondable.

Elles gisent aux limites des dernières régions accessibles à notre investigation; et semblent terminer à ces confins les célestes merveilles. Mais là où s'arrête notre vue, aidée même des secours les plus puissants de l'optique, la création se déroule encore, majestueuse et féconde, et là où s'abat l'essor de nos conceptions fatiguées, la nature, immuable et universelle, déploie toujours sa magnificence et sa parure.

Tout autour de la Terre, au delà de l'espace où se sont perdus les regards étonnés des mortels, par delà les cieux des cieux, le même espace se renouvelle; le pouvoir créateur développe là comme ici le tourbillon incompréhensible de la vie, et incessamment, à travers les régions sans limites, sans élévation et sans profondeur de l'univers, se succèdent les soleils et les mondes.... Nous pouvons aller comme cela à l'infini.... Au delà des bornes les plus lointaines que notre imagination puisse assigner à cette nature inconcevablement productive, la même étendue et la même nature existent toujours, sans aucune fin possible, vivrions-nous l'éternité pour pousser nos investigations au delà de toute expression imaginable!....

Lecteur, arrêtons-nous et exprimons ici franchement l'idée

que nous nous formons de la Terre.... Ah! si notre vue était assez perçante pour découvrir, là où nous ne distinguons que des points brillants sur le fond noir du ciel, les soleils resplendissants qui gravitent dans l'étendue et les mondes habités qui les suivent dans leurs cours, s'il nous était donné d'embrasser sous un coup d'œil général ces myriades de systèmes solidaires et si, nous avançant avec la vitesse de la lumière, nous traversions pendant des siècles de siècles ce nombre illimité de soleils et de sphères, sans jamais rencontrer nul terme à cette immensité prodigieuse où Dieu fit germer les mondes et les êtres ; retournant nos regards en arrière, mais ne sachant plus dans quel point de l'infini retrouver ce grain de poussière que l'on nomme la Terre, nous nous arrêterions fascinés et confondus par un tel spectacle, et unissant notre voix au concert de la nature universelle, nous dirions du fond de notre âme : Dieu puissant! Que nous étions insensés de croire qu'il n'y avait rien au delà de la Terre, et que notre pauvre séjour avait seul le privilége de refléter ta grandeur et ta puissance !

FIN.

PARIS. — IMPRIMERIE DE MALLET-BACHELIER,
RUE DE SEINE-SAINT-GERMAIN, 10, PRÈS L'INSTITUT.

PRINCIPAUX ÉLÉMENTS DU SYSTÈME SOLAIRE.

NOMS ET SIGNES.	DISTANCES AU SOLEIL comparées à celle de la Terre.	DISTANCES AU SOLEIL réelles en lieues.	DIAMÈTRES comparés à celui de la Terre.	DIAMÈTRES réels en mètres.	SURFACES comparées à celle de la Terre.	SURFACES réelles en myriamètres carrés.	VOLUMES comparés à celui de la Terre.	VOLUMES réels en myriamètres cubes.	DURÉES DE ROTATION comparées à celle de la Terre.	DURÉES DE ROTATION réelles.	DURÉES DE RÉVOLUTION comparées à celle de la Terre.	DURÉES DE RÉVOLUTION réelles.	DURÉE des saisons.	PESANTEUR À LA SURFACE comparée à celle de la Terre.	PESANTEUR À LA SURFACE réelle. — Espace parcouru pendant la 1re seconde de chute.	DENSITÉS comparées à celle de la Terre.	DENSITÉS réelles. — Poids spécifique.	MASSES comparées à celle de la Terre.	LUMIÈRE ET CHALEUR comparées.	EXCENTRICITÉ des orbites.	INCLINAISON de l'axe.	INCLINAISON de l'orbite.	NOMBRE des satellites.
Soleil ☉	»	»	112,060	1 426 859 136	12 557,441	63 950 835 973 121	1 407 187,130	1 500 976 847 053 800	25,570	612.00.0	»	»	»	29,37	143,91	0,26	1,42	354 936,000	»	»	7.30	»	»
Mercure ☿	0,387	14 783 400	0,391	4 978 530	0,153	779 250 860	0,060	64 851 800	1,004	24. 5.28	0,24	87.23.14	22	1,15	5,63	2,95	16,16	0,175	6,67	0,2056	75. 0	7. 0	»
Vénus ♀	0,723	27 618 600	0,985	12 541 810	0,970	4 940 348 528	0,957	1 034 386 190	0,973	23.21. 7	0,62	224.16.41	56	0,95	4,65	0,92	5,05	0,885	1,91	0,0068	75. 0	3.23	»
La Terre ♁	1,000	38 230 000	1,000	12 732 811	1,000	5 093 142 812	1,000	1 080 863 240	1,000	23.56. 4	1,00	365. 5.48	3. 0	1,00	4,90	1,00	5,48	1,000	1,00	0,0168	23.27	0. 0	1
Mars ♂	1,524	58 178 600	0,519	6 608 330	0,270	1 375 148 559	0,140	151 320 850	1,027	24.39.21	1,88	686.22.18	5.22	0,44	2,18	0,73	3,90	0,132	0,43	0,0932	30.18	1.51	»
Planètes télescopiques (moyenne)	2,700	100 000 000	0,050	636 640	0,003	15 000 000	0,0001	108 000	»	»	4,70	4.255. 0. 0	1. 2. 0	»	»	»	»	»	»	»	»	»	»
Jupiter ♃	5,203	198 716 400	11,225	142 925 838	126,000	641 735 994 312	1 414,350	1 528 718 930 570	0,414	9.55.45	11,86	11.315.22. 0	2.11.18	2,55	12,49	0,24	1,31	338,034	0,037	0,0481	3. 5	1.19	4
Saturne ♄	9,539	364 351 600	9,022	114 875 418	81,396	412 550 893 469	734,359	793 744 725 600	0,428	10.16. 0	29,46	29.181. 4. 0	7. 4.15	1,09	5,34	0,14	0,76	101,411	0,011	0,0561	31.19	2.30	8
Uranus ♅	19,183	732 752 400	4,344	55 311 344	18,870	96 107 084 864	81,972	88 600 521 900	»	»	84,25	84. 89. 9. 0	21. 0.22	1,11	5,44	0,18	0,98	14,789	0,003	0,0466	89. 0	0.46	8
Neptune ♆	30,040	1 147 548 000	4,719	60 088 150	22,278	113 465 035 568	105,087	113 604 095 800	»	»	164,62	164.226. 0. 0	41. 1.26	1,02	5,00	0,22	1,21	20,879	0,001	0,0087	»	1.47	1

www.ingramcontent.com/pod-product-compliance
Ingram Content Group UK Ltd.
Pitfield, Milton Keynes, MK11 3LW, UK
UKHW021004220726
13924UKWH00002B/894

9 782019 718947